Hesse/Schrader

1x1 Das erfolgreiche Vorstellungsgespräch

Ablauf und Vorbereitung

Antworten auf Schlüsselfragen

Kleidung und Körpersprache

STARK

Die Autoren

Jürgen Hesse,
Jahrgang 1951, ist Diplom-Psychologe und geschäftsführender Gesellschafter im Büro für Berufsstrategie, Berlin.

Hans Christian Schrader,
Jahrgang 1952, ist Diplom-Psychologe in Baden-Württemberg.

Anschrift der Autoren

Hesse/Schrader
Büro für Berufsstrategie
Oranienburger Straße 4–5
10178 Berlin
Tel. (0 30) 28 88 57-0
Fax (0 30) 28 88 57-36
info@hesseschrader.com
www.hesseschrader.com

Illustrationen: Stefan Kugel, Frankfurt

ISBN 978-3-86668-792-9

www.berufundkarriere.de
1. Auflage 2014

Inhalt

Die optimale Vorbereitung

Herzlichen Glückwunsch!

Mit der Einladung zum Vorstellungsgespräch sind Sie Ihrem Ziel, einen Arbeitsplatz zu erhalten, schon sehr viel näher gekommen. Worauf kommt es jetzt ganz besonders an? Natürlich auf …

… Ihre Einstellung!

Nach unserer Einschätzung ist Ihre Einstellung am wichtigsten; und dies im doppelten Wortsinne: Einerseits wollen Sie eingestellt werden, andererseits meinen wir damit die mentale Auseinandersetzung mit Ihrem und Einstimmung auf Ihr Vorhaben, einen Arbeitsplatz zu bekommen.

Worum es wirklich geht

Sie haben bereits den ersten Schritt in die richtige Richtung gemacht und sich für dieses Buch entschieden. Denn: Die gründliche Vorbereitung spielt die entscheidende Hauptrolle; sie ist der Grundstein für Ihren Erfolg, so wie ein festes Fundament die sicherste Basis für einen stabilen Hausbau ist. Häufig werden in Bewerbungsverfahren schlimme Fehler gemacht, weil die Bewerber * sich nicht gründlich genug vorbereiten, nicht wissen, was auf sie zukommt und worum es wirklich geht.

Wie Sie sich von Ihrer besten Seite präsentieren

In diesem Buch möchten wir Sie dabei unterstützen, sich intensiv mit dem Vorstellungsgespräch auseinanderzusetzen und sich optimal darauf vorzubereiten. Sie finden hier viele praktische Übungen und hilfreiche Tipps, damit Sie diese besondere Bewerbungshürde erfolgreich überspringen.

Unsere über 25-jährige Forschungs-, Beratungs- und Publikationstätigkeit – wir beraten in ganz Deutschland in unseren fünf Filialen des Büro für Berufsstrategie jeden Tag etwa 100 Kandidaten zum Thema Bewerbung – hat als Kern drei entscheidende Weichensteller ergeben, auf die es aus Arbeitgebersicht bei der Bewerberauswahl besonders ankommt:

1. Verfügen Sie über Problemlösungserfahrung und werden Sie dem Unternehmen helfen können?
2. Sind Sie hoch motiviert und wollen Sie wirklich etwas bewegen?
3. Passen Sie ins vorhandene Team, sind Sie sympathisch und vertrauenswürdig?

* Wenn im Folgenden überwiegend die männliche Form (Bewerber, Personaler etc.) verwendet wird, geschieht dies ausschließlich, um den Lesefluss zu erleichtern.

Und genau auf diese Fragen bereiten wir Sie vor! Ihre Vorbereitung sollte zusätzlich fünf weitere Aspekte umfassen, die Sie alle hier in diesem Buch finden:

1. Ihre eigene Ausgangsposition sowie die Ihres Gegenübers (ab S. 18)
2. gründliche Informationsrecherche zu Aufgabe, Position, Branche, Arbeitgeber (ab S. 20)
3. Kenntnis der typischen Fragen im Vorstellungsgespräch und was dahintersteht (ab S. 32)
4. wichtigste Grundlagen der Gesprächsführung – d. h. rhetorische Tipps und Tricks, Umgang mit unangenehmen Fragen, Einzel- und Gruppengespräche, Körpersprache (ab S. 69)
5. Vorbereitung des organisatorischen Teils wie Anreise und Kleidung (ab S. 83)

Alle Fragen im Vorstellungsgespräch

Der folgende Fragenkatalog deckt 98 % der potenziellen Fragen ab, mit denen Sie im Vorstellungsgespräch konfrontiert werden können. Sicherlich kann der Wortlaut verändert werden, aber kaum der abgefragte Inhalt. Das bedeutet für Sie eine optimale Vorbereitungschance. Erläuterungen zum jeweiligen Fragehintergrund und Hinweise auf Antwortstrategien finden Sie ab S. 35.

TIPP

Sich auf dieses wichtige Gespräch vorzubereiten kostet Zeit und Energie – vergleichbar mit dem Erstellen der schriftlichen Bewerbungsunterlagen. Kalkulieren Sie einige Tage dafür ein, sich intensiv mit diesem Thema auseinanderzusetzen.

- Wie ist es zu Ihrer Bewerbung als ... bei unserem Unternehmen/unserer Institution gekommen?
- Warum haben Sie sich bei uns beworben?
- Was reizt Sie an dieser Aufgabe/Position?
- Warum wollen Sie gerade bei uns, in unserem Unternehmen/unserer Institution arbeiten?
- Wie gut kennen Sie unsere Produkte/Dienstleistungen etc.?
- Warum haben Sie vor, den Arbeitsplatz zu wechseln/wieder einzusteigen ...?
- Weshalb wollen Sie Ihre jetzige Tätigkeit/Position aufgeben?
- Warum haben Sie in Ihrer jetzigen Firma/Institution keine Aufstiegschancen?
- Was sind die Gründe für Ihre Unzufriedenheit?

- Was reizt Sie an der neuen Aufgabe?
- Was erwarten Sie speziell von uns, was erhoffen Sie sich?
- Üben Sie Ihre jetzige berufliche Tätigkeit gerne aus?
- Was hat Ihnen bisher an Ihrer Aufgabe/Position gefallen, was missfallen und warum?
- Was, glauben Sie, ist bei uns anders?
- Wie gut kennen Sie uns bereits, unsere … (z. B. Produktion/Marktposition/Dienstleistungen usw.)?
- Wie stellen Sie sich Ihre Tätigkeit bei uns vor?
- Haben Sie einen besonderen persönlichen Bezug zu unserem Unternehmen?
- Kennen Sie Mitarbeiter aus unserem Haus?
- Was haben diese Ihnen über uns erzählt?
- Haben Sie zurzeit noch andere Bewerbungen laufen?
- Gibt es schon konkrete Verhandlungen bzw. Ergebnisse?
- Was bewog Sie damals – im Jahre 200X und dann 200Y –, den Arbeitsplatz zu wechseln?
- Was hat für Sie Priorität bei Ihrer Arbeit?
- Wie stellen Sie sich im Idealfall Ihre Arbeit, Aufgaben vor?
- Was sind – aus Ihrer Sicht – die Vor- und Nachteile der von uns angebotenen Position, und wie wollen Sie damit umgehen?
- Auf welche Ihrer beruflichen Leistungen und Erfolge sind Sie besonders stolz?
- Und jetzt zu Ihren Misserfolgen …
- Wie sehen Sie Ihre Zukunft?
- Was sind Ihre Ziele?
- Was möchten Sie in drei und was in fünf Jahren erreicht haben?
- Wie verlief Ihr bisheriger Berufsweg?
- Aus welchen Gründen haben Sie sich für den Beruf/die Branche/die Arbeitsplätze X, Y und Z entschieden?
- Und warum jetzt für diese neue Position in unserem Unternehmen?
- Berichten Sie uns etwas über die wichtigsten Aspekte Ihrer bisherigen Tätigkeiten.
- Was sind zurzeit Ihre konkreten Arbeitsaufgaben?
- Was machen Sie davon gerne, was ungerne?
- Schildern Sie einmal den Ablauf eines typischen Arbeitstages.
- Warum haben Sie Ihren Arbeitgeber öfter bzw. selten gewechselt?
- An welchen Fortbildungsmaßnahmen haben Sie teilgenommen? Wer hat diese initiiert?
- Was zeichnet Ihrer Meinung nach einen guten Vorgesetzten aus?
- Was einen guten Mitarbeiter?
- Jetzt diese beiden Fragen mit umgekehrten Vorzeichen – „schlechten" Vorgesetzten … usw.
- Was schätzen Sie an Ihren Arbeitskollegen/Vorgesetzten – was nicht?

- Fühlen Sie sich in Ihren beruflichen Leistungen von Ihren früheren Vorgesetzten angemessen beurteilt?
- Was würden Sie gern an Ihrem jetzigen Arbeitsplatz verändern, wenn Sie Veränderungen durchführen könnten, wie Sie wollen?
- Was war bisher Ihr schlimmstes, unangenehmstes (Arbeits-)Erlebnis?
- Wir wollen Sie gerne kennenlernen, erzählen Sie uns etwas über sich.
- Wie würden Sie sich kurz charakterisieren?
- Was sind Ihre Stärken, was Ihre Schwächen?
- Was ist Ihr größter Erfolg/Misserfolg (beruflich/privat)?
- Was war bisher in Ihrem Leben Ihr schlimmstes Erlebnis?
- Was schätzen Sie generell an anderen Menschen, was nicht (Arbeitskollegen/Vorgesetzte/Freunde/Bekannte)?
- Haben Sie Vorbilder?
- Warum sollten wir gerade Sie einstellen?
- Wir wollen Sie als Menschen kennenlernen.
- Was machen Sie neben Ihrer Berufstätigkeit?
- Welche Interessen, welche Hobbys haben Sie?
- Welche Sportarten betreiben Sie?
- Was bedeutet Teamarbeit für Sie?
- Mit welchen Menschen arbeiten Sie gern/ungern zusammen?
- Hatten Sie schon mal Schwierigkeiten mit Vorgesetzten und/oder Kollegen?
- Wenn ja: Mit wem? Warum? Wie sind Sie damit umgegangen? Was haben Sie daraus gelernt?
- Worüber können Sie sich so richtig ärgern?
- Was macht Sie wütend?
- Was bereitet Ihnen Sorgen?
- Wie gehen Sie mit Kritik um?
- Was sind Ihre ganz persönlichen Lebensziele?
- Was möchten Sie persönlich für sich in naher/ferner Zukunft erreichen?
- Was sind Ihrer Meinung nach die größten Missstände …
  - in der Welt,
  - in unserem Land,
  - in Ihrer Heimatstadt,
  - in dem Unternehmen, in dem Sie zurzeit arbeiten?
- Wie sieht Ihre aktuelle Lebenssituation aus?
- Stellen Sie uns doch bitte mal Ihre Familie vor.
- Was macht Ihre Frau/Ihr Mann beruflich – und wo?
- Was sagt Ihr Lebenspartner zu Ihren Plänen? Gibt es da evtl. Probleme (Umzug/Arbeitszeiten/zu ehrgeiziges berufliches Engagement/Vernachlässigung des Partners etc.)?
- Gibt es Bereiche, in denen Sie sich besonders engagieren?
- Mit welchen Menschen sind Sie gerne zusammen, und was verbindet Sie mit diesen?

- Waren Sie schon mal ernstlich erkrankt?
- Bestehen bei Ihnen gesundheitliche Einschränkungen mit beruflichen Auswirkungen?
- Gab es Krankenhausaufenthalte/Unfälle, leiden Sie an Allergien?
- Waren Sie im letzten Jahr mehr als zweimal beim Arzt?
- Haben Sie einen Hausarzt?
- Wie gut kennen Sie sich in unserer Branche, in unserem Metier aus?
- Wie schätzen Sie die aktuelle (zukünftige) Marktsituation ein?
- Kennen Sie … (dieses Verfahren, die Person, die Diskussion um etc.)?
- Was ist Ihre Meinung über …?
- Wie beurteilen Sie …?
- Was würden Sie machen, wenn …?
- Welche Publikation (Fachbuch/Artikel) aus Ihrem Arbeitsgebiet hat Sie in der letzten Zeit besonders beschäftigt?
- Welche Fachzeitschriften haben Sie abonniert, lesen Sie regelmäßig?
- Welche Kongresse, Fachtagungen, Weiterbildungen etc. haben Sie in der letzten Zeit besucht?
- Auf welchem Sektor lag Ihr Ausbildungsschwerpunkt, und wie kam es dazu?
- Was würden Sie als Ihren aktuellen spezifischen Arbeitsschwerpunkt bezeichnen?
- Was schätzen Sie: Wie lange brauchen Sie, um sich bei uns in Ihr neues Aufgabengebiet einzuarbeiten?
- Auf welchem Gebiet haben Sie noch größere Defizite, und was gedenken Sie dagegen zu tun?
- Können Sie uns noch einmal verdeutlichen: Was spricht für und was gegen Sie als unseren Kandidaten?
- Was machen Sie, wenn Sie den Arbeitsplatz bei uns nicht bekommen, wenn wir uns für einen anderen Bewerber entscheiden?
- Welche Gehaltsvorstellung haben Sie?
- Wie hoch sind Ihre aktuellen Bezüge?
- Wann könnten Sie bei uns anfangen?
- Wenn wir uns für Sie entscheiden, brauchen wir Sie sofort. Ist das möglich?
- Können Sie bitte noch einmal kurz zusammenfassen, was Ihre Stärken, aber auch Ihre Schwächen sind, warum wir Sie vielleicht besser nicht oder doch einstellen sollten?
- Was sind Ihre Fragen an uns?
- Welche Fragen haben Sie vermisst?
- Gibt es etwas, das Sie uns lieber nicht erzählen wollen?
- Welche negativen Dinge könnte/-n Ihr Chef/Ihre Kollegen von Ihnen erzählen?

Fragen an Azubis

- Warum bewerben Sie sich für den Beruf (der/des .../die Ausbildung für ...)? Die wichtigste Frage im ganzen Gespräch!
- Wie sind Sie darauf gekommen, und seit wann interessieren Sie sich für diesen Beruf?
- Welche Vor- und Nachteile sehen Sie an diesem Beruf?
- In welchen Schulfächern haben Sie gute und in welchen schlechte Noten und warum?
- Wie sind Sie mit Lehrern und Mitschülern ausgekommen?
- Wie sehen Ihre bisherigen praktischen Erfahrungen aus?
- Haben Sie einen Freund/eine Freundin? Wollen Sie heiraten?
- Welche tagespolitischen Ereignisse beschäftigen Sie?
- Wie könnte man die Arbeitslosigkeit abbauen?
- Wie stehen Sie zum Problem ... (z. B. Umweltschutz, Hartz IV etc.)?

Fragen an Arbeitsuchende

- Wie kam es zu der Arbeitslosigkeit?
- Wie lange dauert diese Arbeitslosigkeit bereits an?
- Wie oft haben Sie sich schon erfolglos beworben?
- Was haben Sie zwischenzeitlich gemacht?
- Sind Sie förderungsberechtigt durch das Arbeitsamt?
- Trauen Sie sich die Aufgabe wirklich zu?
- Wie sieht Ihr Tagesablauf aus?

Fragen an Führungskräfte

- Was bedeutet aus Ihrer Sicht Mitarbeiterführung?
- Wie definieren Sie persönlich die Hauptaufgaben einer Führungskraft?
- Welchen Führungsstil bevorzugen Sie?
- Was schätzen Sie: Wie lange brauchen Sie zur Einarbeitung in Ihr neues Arbeitsgebiet bei uns?
- Auf welchem Gebiet haben Sie noch größere Entwicklungspotenziale (Achtung: bedeutet Defizite), und was gedenken Sie zu tun?
- Was sind Ihre ganz persönlichen Lebensziele?
- Was möchten Sie persönlich für sich in naher/ferner Zukunft erreichen?
- Zurück in die Gegenwart: Welche Eigenschaften sollte Ihr potenzieller Nachfolger für Ihren alten Arbeitsplatz haben?
- Ganz allgemein: Welche Eigenschaften sollte Ihr Stellvertreter haben?
- Was zeichnet Ihrer Meinung nach eine gute Führungskraft aus?
- Was einen guten Vorgesetzten?
- Was einen guten Mitarbeiter?

- Was schätzen Sie an Ihren Arbeitskollegen/Vorgesetzten – was nicht?
- Worin unterscheiden Sie sich Ihrer Meinung nach von Ihrem jetzigen Vorgesetzten?
- Welche Unterstützung bei Ihrer verantwortlichen Tätigkeit erfahren Sie durch Ihre Familie?
- Erinnern Sie sich an eine besondere berufliche Herausforderung … Was war es und wie sind Sie damit umgegangen? Was haben Sie gelernt und was würden Sie heute anders machen?

Fragen an Frauen

- Warum sollten wir uns gerade für Sie entscheiden?
- Was sagt Ihre Familie dazu (Partner/Kinder, wenn Sie welche haben)?
- Wie regeln Sie das mit den Kindern (sofern Sie welche haben, die noch zu versorgen sind) …? Oder mit dem Haushalt …?
- Wie stellen Sie sich Ihre Zukunft vor?
- Wie sieht Ihre Lebensplanung aus?
- Familie oder Beruf – wie handhaben Sie das?
- Erzählen Sie etwas über Ihre aktuelle Lebenssituation.
- Wie sind Ihre Kinder versorgt, während Sie arbeiten?
- Wie sieht Ihre Familienplanung aus?
- Was sagt Ihr Lebenspartner zu Ihren Plänen?
- Wie können Sie Beruf und Familie miteinander vereinbaren?
- Wollen Sie sich wirklich beruflich engagieren oder …?
- Sind Ihre Kinder öfter krank?

Überblick

Die wichtigsten Fragen

1. Wir möchten Sie kennenlernen. Erzählen Sie uns etwas über sich.
2. Warum bewerben Sie sich für diese Position?
3. Warum sind Sie der/die richtige Kandidat/-in?
4. Was erwarten Sie für sich/von uns/dem Job?
5. Was sind Ihre Stärken/Schwächen?
6. Worauf sind Sie stolz, was sind Ihre Erfolge/Misserfolge?
7. Was möchten Sie in 3/5/10 Jahren erreicht haben?
8. Warum haben Sie diesen Beruf/diese Tätigkeit gewählt?
9. Warum haben Sie von dort nach dort gewechselt und dann wieder …?
10. Wo liegen Ihre Arbeitsschwerpunkte?
11. Schildern Sie uns einen typischen Arbeitstag.
12. Wie tanken Sie auf, wie verbringen Sie Ihre Freizeit?
13. Welche Fragen haben Sie an uns?

Die entscheidenden Weichensteller: Kompetenz, Leistungsmotivation und Persönlichkeit

Aus Sicht der Arbeitsplatzanbieter kommt es bei der Entscheidung, welcher Bewerber den Job bekommt, auf die folgenden drei Faktoren an:

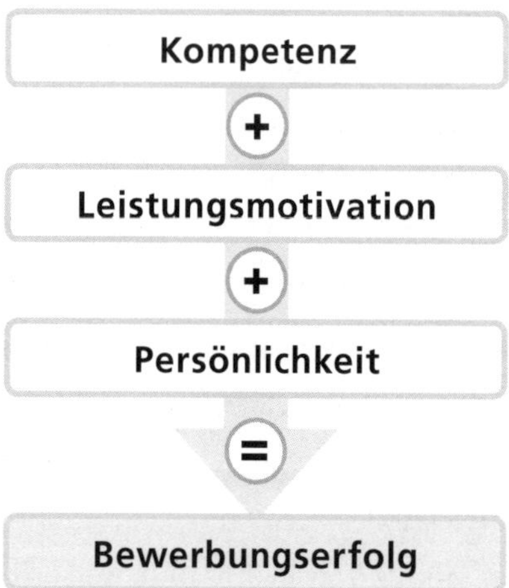

Das sind die entscheidenden Bausteine für den Bewerbungserfolg. Diese drei Merkmale gilt es, sowohl in den schriftlichen Unterlagen als auch im Vorstellungsgespräch Ihrem Gegenüber gut zu vermitteln.

Überblick

Was bedeuten die 3 Schlüsselbegriffe …

Kompetenz (K)

- Verfügen Sie über die berufsrelevanten Erfahrungen, Kenntnisse und Eigenschaften?
- Sind Sie ein Problemlöser und Gewinnbringer?
- Werden Sie sich schnell und gut in Ihr Arbeitsgebiet einarbeiten?

Leistungsmotivation (L)

- Bringen Sie Engagement („Begeisterungsfähigkeit und Biss") für die Aufgaben mit?
- Sind Sie wirklich zuverlässig, lern-, einsatz- und arbeitswillig?
- Kann man erwarten, dass Sie sich mit Ihrer Aufgabe, Ihrer Arbeit und Ihrem Arbeitgeber identifizieren?

Persönlichkeit (P)

- Wirken Sie sympathisch und vertrauenswürdig?
- Sind Sie anpassungs- und teamfähig?
- Passen Sie zur Firma, dem Unternehmen bzw. ins Team?

An dieser Stelle wäre interessant, wie Sie persönlich in Ihren schriftlichen Bewerbungsunterlagen diese drei Themenbereiche abgedeckt haben. Bitte vervollständigen Sie die folgenden Satzanfänge:

Meine Kompetenz sah man an:

____

____

____

____

Meine Leistungsmotivation sah man an:

____

____

____

____

Etwas über meine Persönlichkeit habe ich vermittelt durch:

____

____

____

____

Unsere Vorschläge zur Vervollständigung der drei Sätze würden lauten:

Ihre Kompetenz sah man hoffentlich an den Aus- und Fortbildungsabschlüssen, den einzelnen Berufsstationen, der positiven Entwicklung Ihrer beruflichen Laufbahn, den Aufgaben und der Verantwortung, die Sie dabei wahrgenommen haben, Ihren Arbeitszeugnissen und Ihren schriftlichen Bewerbungsunterlagen insgesamt, die ja eine Art erste Arbeitsprobe darstellen.

Ihre Leistungsmotivation kam durch die positive berufliche Entwicklung (s. oben) zum Ausdruck, außerdem durch Weiterbildungsaktivitäten und Zusatzqualifikationen (z. B. Fremdsprachen, besondere Kenntnisse etc.), Ihre Verweildauer pro Arbeitsplatz, Arbeitszeugnisse und die Mühe, die Sie sich mit den Bewerbungsunterlagen gemacht haben (z. B., dass sie fehlerfrei und überzeugend strukturiert waren).

Ihre Persönlichkeit – so schätzen das jedenfalls die Betrachter und Auswähler ein – haben Sie insbesondere durch Ihr Foto vermittelt, aber auch durch Aussagen zu Interessen, Engagement und gegebenenfalls Hobbys, durch Ihre Unterschrift und durch den Gesamteindruck, den Ihre Bewerbungsunterlagen vermittelt haben (rosarotes Schreibpapier in einer violetten Bewerbungsmappe? – Hoffentlich nicht!).

Erfolg mit System: das „Bewerberhaus“

Um Ihnen das Zusammenspiel von Kompetenz, Leistungsmotivation und Persönlichkeit zu veranschaulichen, möchten wir Ihnen die folgende kleine Bildergeschichte präsentieren:

Sie sehen: Das Haus steht, vom Keller bis zum Dach. Alle Bestandteile sind wichtig: das Fundament und der Keller (Kompetenz) als solide, Halt gebende Basis, der Lebenswohnbereich (Leistungsmotivation) als Schnittstelle, ohne die die Kompetenz und die Persönlichkeit nicht im Beruf zum Tragen kommen können, aber auch das Dachgeschoss (Persönlichkeit, hier gezeichnet als „Dachstübchen"). Das Dach schützt das Haus, denn wenn es hier reinregnen würde, wäre schnell der Lebenswohnbereich (L) bis in den Keller (K) hinein ruiniert. Urteilen Sie nun selbst:

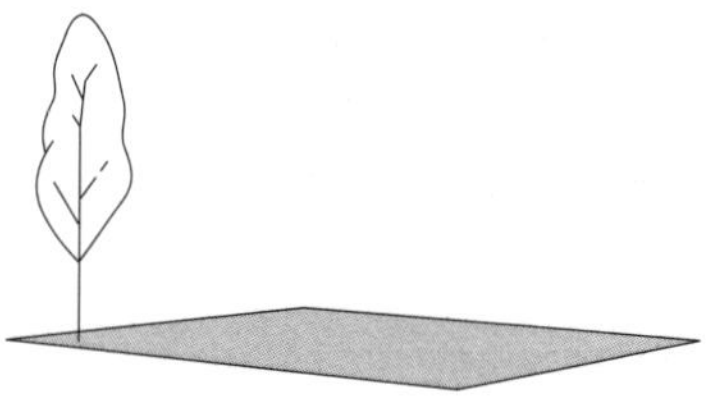

1

Sie besitzen ein Grundstück.

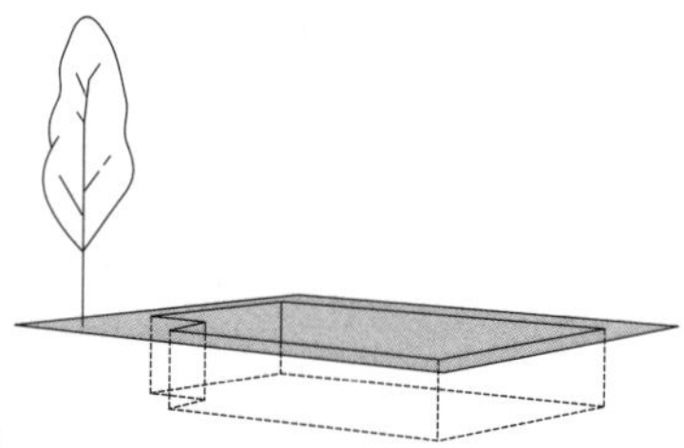

2

Eine Bodenplatte wird gegossen, ein Fundament entsteht, dann wird gemauert und eine Decke eingezogen. Der Keller ist fertig.

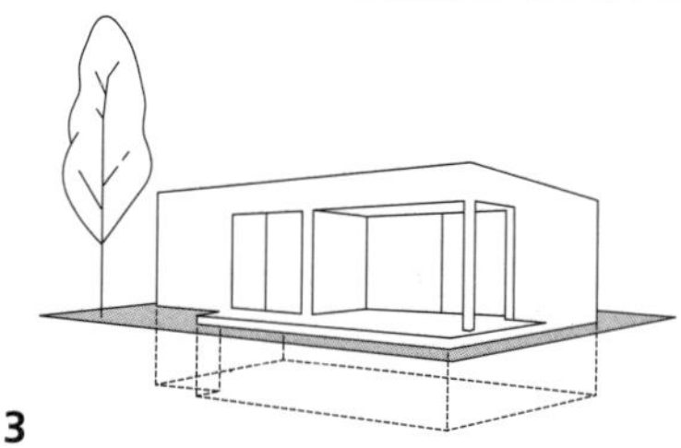

3

Die Bauarbeiter bauen jetzt Ihren Wohnbereich aus.

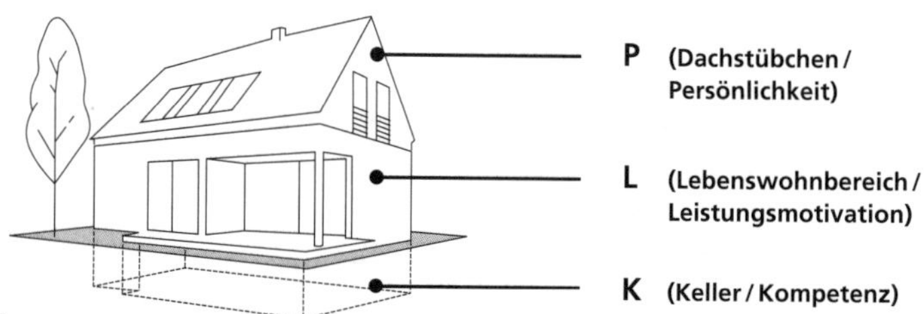

4

Zuletzt kommt das Dachgeschoss, schließlich darf es ja nicht hereinregnen.

Was ist im Vorstellungsgespräch am wichtigsten – das Dach, der Keller oder doch der Lebenswohnbereich? Natürlich haben Sie recht, wenn Sie sagen, alle drei sind wichtig und haben ihre besondere Funktion. Das wird auch deutlich bei der Gewichtung in den schriftlichen Bewerbungsunterlagen (s. rechte Seite). Außerdem müssen die drei Bereiche gut zusammenpassen.

Und doch verschieben sich im Vorstellungsgespräch die Proportionen und damit das Augenmerk der Auswähler, und zwar folgendermaßen:

Gewichtung von Kompetenz, Leistungsmotivation und Persönlichkeit bei der **schriftlichen Bewerbung:**

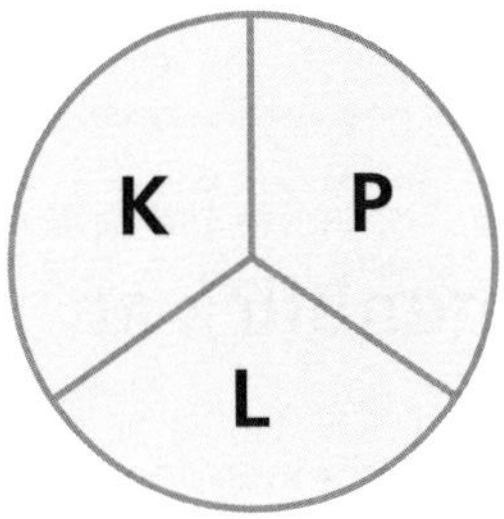

Gewichtung von KLP im **Vorstellungsgespräch:**

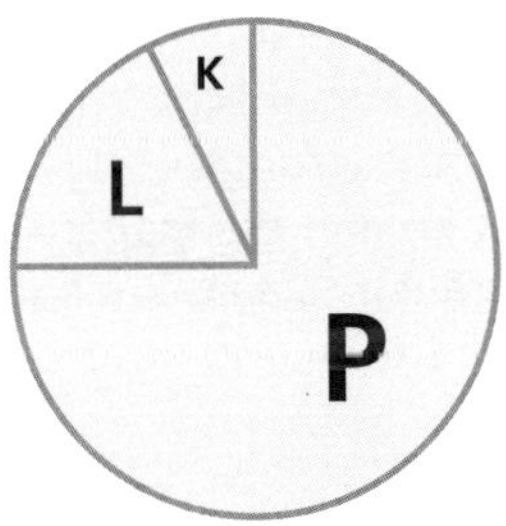

Ihr Ziel

Hauptziel Ihres Bewerbungsvorhabens muss es also sein, die drei entscheidenden Weichensteller im Vorstellungsgespräch – Kompetenz, Leistungsmotivation und vor allem Persönlichkeit – als Signale so klar auszusenden, dass sie beim Arbeitsplatzanbieter, dem Auswähler, richtig ankommen.

Es geht um folgende Themen

- Was für ein Mensch sind Sie und wie präsentieren Sie sich/Ihre Persönlichkeit?
- Wie bringen Sie Ihre Leistungsmotivation deutlich zum Ausdruck?
- Wie vermitteln Sie überzeugend Ihre fachliche Kompetenz?

Entwickeln Sie dabei so etwas wie eine Leitidee oder einen roten Faden. Diese vier Fragen sind dabei hilfreich:

- Was für ein Mensch bin ich?
- Was kann ich?
- Was will ich?
- Was ist für mich möglich?

WICHTIG

Grundlage für die Einstellungsentscheidung ist in der Regel – Sie werden es kaum glauben – zu etwa 60 % der persönliche Eindruck, den Sie machen (Ihre Persönlichkeit), zu vielleicht 30 % Ihre Leistungsfähigkeit und nur zu ungefähr 10 % Ihre fachliche Kompetenz!

Zu Ihrer Standortbestimmung eignen sich auch diese Fragen:

- Was liegt hinter mir?
- Wie schätze ich mich und meine Fähigkeiten ein?
- Wie sieht meine aktuelle Situation aus? Geht es um einen Neueinstieg, Wechsel oder Wiedereinstieg?

Sympathie und Vertrauen vom ersten Augenblick an

Gelingen oder Misslingen eines Vorstellungsgesprächs hängt auch entscheidend davon ab, ob Sie sympathisch wirken oder nicht. Kann man Ihnen vertrauen und damit im positiven Sinne den Job auch zutrauen? Es geht um den berühmt-berüchtigten ersten Eindruck, durch den bei zwei Gesprächspartnern, die sich bisher unbekannt waren, die Weichen in Richtung einer positiven (Sympathie) oder negativen Gefühlsreaktion (Antipathie) gestellt werden. So gesehen sind die ersten Minuten eines Vorstellungsgesprächs von entscheidender Bedeutung.
Wer leistungsmotiviert (fleißig) und kompetent (klug und erfahren) wirkt, macht sich zusätzlich zu seinen sonstigen Persönlichkeitsmerkmalen sympathisch. Zu allererst geht es dem Arbeitsplatzanbieter um persönliche und erst an zweiter Stelle um anforderungsbezogene Eignungsmerkmale. Erst kommt die Frage: Kann ich dem Bewerber vertrauen? Dann: Kann ich ihm die Aufgabenbearbeitung und -lösung auch zutrauen?

TIPP

Schauen Sie Ihr Gegenüber an und lächeln Sie ab und an! Wenn Sie Gemeinsamkeiten mit Ihrem Gegenüber haben, betonen Sie dies. Dies wirkt sympathiefördernd und wertschätzend.

Überblick

Der Schlüssel zum Menschen

Haben Sie sich schon einmal gefragt, was der Schlüssel, um einen anderen Menschen zu erreichen, ist? Was fällt Ihnen spontan zu dieser Frage ein? Ist der Schlüssel z. B.:

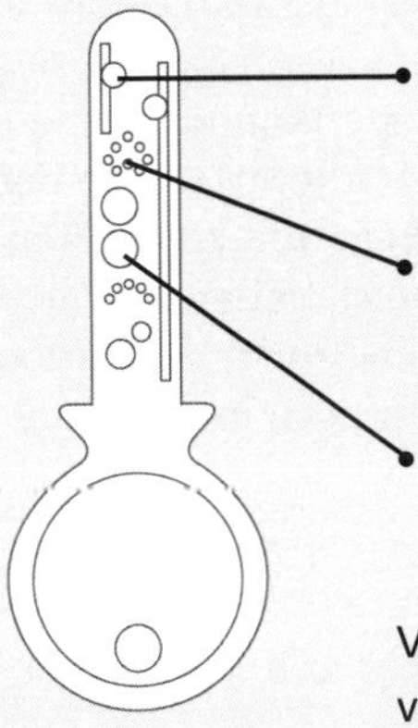

- **Geld** (nach dem Motto: Jeder ist käuflich, es kommt nur auf die Summe an!),
- **Macht** (weil sie ebenfalls wie das Geld den Menschen korrumpiert) oder
- **Liebe** (weil man mit Liebe alles erklären, begreifen oder bewegen kann)?

Viele Möglichkeiten sind denkbar, und wir wollen hier nicht so vermessen sein, unsere Antwort als die allein gültige zu präsentieren. Aber es lohnt sich, über sie nachzudenken – wir meinen nämlich,

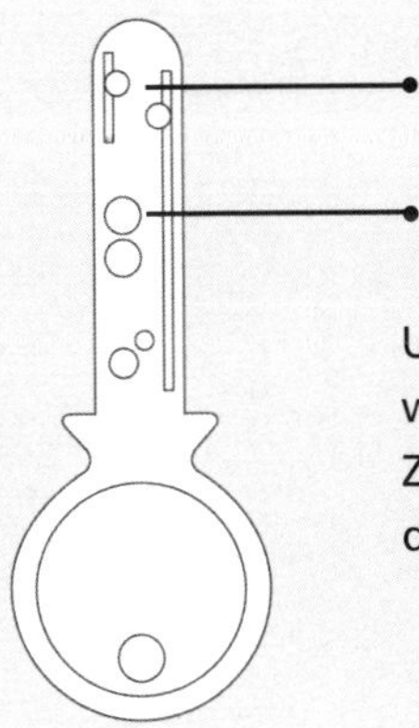

- **Kommunikation** ist der Schlüssel zum Menschen. Auch
- **Gefühle** können wir uns als Antwort gut vorstellen.

Und wenn Sie mit uns konform gehen, dann wissen Sie jetzt, worauf es im Vorstellungsgespräch besonders ankommt: Zeigen Sie, wie kommunikativ Sie sind, und setzen Sie auf die Gefühle Ihres Gegenübers!

Ausgangspositionen: Ihre und die Ihres Gegenübers

Die beiden Ausgangspositionen – Ihre und die Ihres Gegenübers – bestimmen wesentlich den Verlauf des Vorstellungsgesprächs.

Machen Sie sich Ihre persönlichen Stärken und Vorzüge klar!

Die Checkliste rechts soll als Anregung dienen, nachzudenken und herauszufinden, wo Sie persönliche Plus- und Minuspunkte verbuchen können. Ihre Stärken (Ihre „Verkaufsargumente") vermitteln Sie dann aktiv während des Vorstellungsgesprächs Ihrem möglichen neuen Arbeitgeber.

Zum Überdenken Ihrer Ausgangsposition gehört auch, dass Sie sich Ihrer eigenen Person und Ihrer typischen Charaktereigenschaften bewusst werden – auch der Eigenschaften, die Ihnen bisher vielleicht schon mehrfach in Ihrem Leben Schwierigkeiten bereitet haben. Wenn Sie z. B. dazu neigen, in einer Art Wiederholungszwang immer mit einem bestimmten Vorgesetztentyp bereits nach wenigen Minuten in Streit zu geraten, weil Sie (unbewusst) an Ihren cholerischen Vater oder einen autoritären älteren Bruder erinnert werden, darf Ihnen das nicht auch im Vorstellungsgespräch passieren.

TIPP

Prüfen Sie den Arbeitsplatz mit seinen Aufgaben und Bedingungen sowie Ihre möglichen neuen Vorgesetzten: Denken Sie, dass Sie mit diesen längerfristig gut klarkommen und motiviert Ihren Job machen können? Oder müssen Sie sich beim Anblick Ihres potenziellen Chefs stets zusammenreißen? Wie steht es um die Aufgaben, hören sich diese spannend an oder meinen Sie, dass Sie schnell unter- oder überfordert sind?

CHECKLISTE

Ihre Ausgangssituation

- ✓ Ihr Arbeitsplatzwunsch und die aktuelle Arbeitsmarktsituation (Mangelberuf oder Überangebot an Bewerbern?)
- ✓ Berufsausbildung und Weiterbildung (Wie weit liegen Ausbildung und letzte Weiterbildung zurück, sind Sie beruflich auf dem aktuellen Stand?)
- ✓ Tätigkeit/Erfahrung (Berufsanfänger oder bereits langjährig im angestrebten Berufsfeld tätig?)
- ✓ Ihre aktuelle Arbeitsplatzsituation (in ungekündigter Stellung oder arbeitsuchend?)
- ✓ bisherige Arbeitsplatzwechselhäufigkeit (der dritte Wechsel innerhalb von zwei Jahren oder fünf Jahre Kontinuität an einem Arbeitsplatz?)
- ✓ bisherige Bewerbungserfahrung (die erste Bewerbung oder die 33., mit 32 vorherigen Absagen?)
- ✓ Kontakte und „Vitamin B" (Verfügen Sie über ein entsprechendes berufliches Netzwerk und können Sie dies nutzen?)
- ✓ Persönlichkeits- und Leistungsmerkmale (z. B. introvertiert oder extrovertiert?)
- ✓ äußeres Erscheinungsbild (gepflegt und seriös oder offenes Hemd mit Rauschebart?)
- ✓ Alter (noch jung und unerfahren oder schon alt und unflexibel?)

Ihr Gegenüber richtig einschätzen

Aber auch die andere Seite hat eine Ausgangsposition. Da ist die Arbeitsmarktsituation, die einen starken Einfluss hat. Werden Spezialisten gesucht, vergleichbar der berühmten Stecknadel im Heuhaufen, oder gibt es Bewerber mit Ihrer Qualifikation wie Sand am Meer? Hat der Personalchef viele oder wenige Bewerbungen auf das Arbeitsplatzangebot erhalten? Handelt es sich um ein eher großes oder kleines Unternehmen? Stimmt das Timing der Personalabteilung oder leidet das Unternehmen unter Personalnot und Zeitdruck? Hat man es mit einem Ausleseprofi einer Personalvermittlungsgesellschaft oder eher mit einem Laien auf dem Gebiet der Personalauswahl zu tun? Dies alles wird Auswirkungen auf das Vorstellungsgespräch haben.

Und: Auch ein Interviewer oder Auswähler ist nur ein Mensch mit unterschiedlicher Tagesform und all seinen Fehlern und Schwächen. Wenn er gerade stark mit eigenen Problemen oder Arbeitsstress belastet ist, könnte sich das im Vorstellungsgespräch (unbewusst) fortsetzen, ohne dass Sie von diesem Hintergrund etwas ahnen.

Recherchieren geht über Probieren

Jeder zweite Personalentscheider googelt die ihn interessierenden Bewerber, um dann zu entscheiden: Vorabtelefonat und/oder Einladung zum ersten Kennenlerngespräch. Warum googeln Sie nicht auch mal Ihre potenziellen Gesprächspartner, bevor Sie sich bewerben?

Bester Ausgangspunkt dafür sind die Internetseiten des Sie interessierenden bzw. auch schon einladenden Unternehmens. Insbesondere Großunternehmen bieten reichhaltiges Material mit den Namen ihrer Hauptverantwortlichen, haben aber auch Mitarbeiterinterviews und Blogs auf ihren Seiten. Sie gelangen hier an Namen, mit denen Sie dann gezielt auf die Suche gehen können, um im Netz weitere Infos und Kontaktchancen an Land zu ziehen. LinkedIn, XING, Twitter und sogar Facebook liefern Ihnen bestimmt interessante Einblicke und Anknüpfungspunkte.

Ganz wichtige Vorbereitungsquellen sind neben Google und Yahoo die Onlinearchive der Wirtschaftsredaktionen. Mit ein paar mehr Infos, die sich ins Anschreiben, aber besonders gut im Vorstellungsgespräch einstreuen lassen (einfachste Variante: „In meiner Vorbereitung auf … habe ich gelesen …"), punkten Sie durch Hintergrundwissen, können aber vielleicht auch selbst besser die Gesamtlage und Branchenverfassung einschätzen und für sich entscheiden: zukunftstauglich oder nicht.

Noch spannendere Rechercheergebnisse versprechen gezielte Besuche auf den einschlägigen Arbeitgeber-Bewertungsportalen Kununu, bizzWatch oder Jobvoting. Hier lesen Sie, wie (Ex-)Mitarbeiter ihre (Ex-)Arbeitgeber beurteilen, und bekommen einigen Stoff zum Nachdenken.

Natürlich läuft ein erstes Web-Screening auch auf der Seite der Personaler. Und deshalb wird Ihr guter Ruf im Netz als Auswahlaspekt immer wichtiger. Sie sollten bei Ihren Inhalten in sozialen Netzwerken daher darauf achten, dass dort keine anstößigen und peinlichen Bilder und Texte, Kommentare oder Gruppen auftauchen.

Beachten Sie deshalb genau, wie die Privatsphäreneinstellungen bei den von Ihnen verwendeten Netzwerken funktionieren. Sie haben es selbst in der Hand, was ein Personaler über Sie vorab erfährt. Achten Sie während eines Bewerbungsprozesses auf Anfragen von Leuten, die Sie nicht kennen. Es könnte dahinter der Versuch eines Mitarbeiters aus der Personalabteilung stecken, Informationen über Sie zu erhalten.

Googeln Sie sich regelmäßig (und recherchieren Sie alternativ auch in anderen Suchmaschinen wie Bing). Dann haben Sie einen Überblick, was über Sie im Internet kursiert. Sollten Sie doch etwas Unpassendes über sich entdecken, haben Sie folgende Möglichkeiten: Sie können durch eigenes Entfernen von Inhalten auf Ihren sozialen Profilen Abhilfe schaffen. Oder Sie bitten einen Dienst wie Google darum, die Einträge zu löschen oder Ihnen zu helfen, den Verantwortlichen zum Löschen zu bewegen. Wenn Sie ehrverletzende oder sogar strafrechtlich relevante Inhalte finden, empfiehlt sich der Gang zum Anwalt. Es gibt inzwischen speziell auf das Reputationsmanagement im Netz spezialisierte Agenturen. Für Privatpersonen und kleines Geld ist sicherlich das Unternehmen secure.me zu empfehlen, das große Kooperationen mit XING und GMX eingegangen ist. Es bietet zum Schutz Ihrer Internet- und Onlineprivatsphäre weltweit seine Dienste an und durchsucht das gesamte Internet nach vorher von Ihnen festgelegten Suchbegriffen. Foren, Blogs, Foto- und Videoseiten, Twitter oder andere Communities werden durchforstet. Hat secure.me Einträge zu Ihren Suchbegriffen gefunden, werden Sie per E-Mail automatisch darüber informiert. So wissen Sie zu jeder Zeit genau, was das Internet über Sie verrät, und können rechtzeitig darauf reagieren.

Infos zu Aufgaben – Position – Branche – Arbeitsplatzanbieter

Wissen ist Macht

Wer zum potenziellen Arbeitgeber nur mit der Adresse im Kopf geht, handelt mehr als kopflos. Eine gründliche Vorbereitung auf den möglichen neuen Arbeitgeber und sein Umfeld ist also absolut notwendig. Diese Empfehlung gilt ebenso für die Bewerbung bei einer kleinen Firma wie bei einem Großkonzern.

WICHTIG

Natürlich hängt es vom Arbeitsplatz ab, was Sie vorab recherchieren sollten. Als EDV-Sachbearbeiter müssen Sie sich nicht mit dem Aktiengeschäft auseinandersetzen, was beim Manager in der Führungsetage ein echtes Muss wäre. Informiertheit ist jedoch immer ein großer Pluspunkt.

Angenommen, Sie bewerben sich bei einer großen Firma, dann sollten die folgenden Unternehmensdaten zu Ihrem Basiswissen gehören:

CHECKLISTE

Basiswissen zum Unternehmen

- ✓ Hauptsitz
- ✓ Branchen
- ✓ wichtige Tochterunternehmen/ Beteiligungen
- ✓ Niederlassungen im In- und Ausland
- ✓ Produktpalette
- ✓ Zahl der Mitarbeiter im In- und Ausland
- ✓ Umsatz/Gewinn
- ✓ Geschäftsleitung
- ✓ Position auf dem nationalen und internationalen Markt (Marktanteile)
- ✓ Mitbewerber auf dem in- und ausländischen Markt
- ✓ wirtschaftliche Entwicklung der letzten fünf Jahre
- ✓ aktueller Aktienstand
- ✓ zukünftige Entwicklungschancen
- ✓ Firmengeschichte

Generell geht es um ...

- Aufgabengebiet und Umfeld des angestrebten Arbeitsplatzes,
- Arbeitsmarktsituation (Stimmung, Gewinner, Verlierer, Zusammenhänge), neuere Entwicklungen,
- wichtige Eckdaten zur Position des Unternehmens (der Institution): Wer tut was, wie lange, mit welchem Erfolg? Wer sind die Mitbewerber?

Informationen dazu erhalten Sie z. B. beim Unternehmen selbst (eventuell über die Pressestelle oder die Unternehmenswebseite), im Internet, ansonsten sind Industrie- und Handelskammer, Fachzeitschriften und Nachschlagewerke (Bibliotheken) hilfreich. Aber auch Personen, die bereits in dem Beruf, in der Branche, Firma/Institution arbeiten, können Ihnen wichtige Insiderinformationen geben.

Zusammengefasst

Wenn Sie wissen, worauf es jetzt ankommt, sich gut vorbereiten und die Spielregeln beherrschen, werden Sie die Sympathie und das Vertrauen Ihres Gegenübers gewinnen. Das führt dazu, dass Ihnen auch die Fähigkeiten für die Aufgaben, um die es geht, zugetraut werden. Berücksichtigen Sie die Ausgangspositionen und zeigen Sie, dass Sie sich gut auf Ihr Gegenüber und den Job vorbereitet haben.

Von besonderer Bedeutung: Ihr Selbstbewusstsein

Geht es Ihnen auch so? Erleben Sie sich in der Rolle eines bemühten Bittstellers, der mehr schlecht als recht versucht, einen Arbeitgeber davon zu überzeugen, der richtige Kandidat für eine bestimmte Aufgabe zu sein?

Das ist nicht nötig. Erarbeiten Sie sich ein neues (Selbst-)Bewusstsein und Selbstwertgefühl als Basis Ihres erfolgreichen Vorstellungsgesprächs. Glauben Sie an sich! Und begreifen Sie:

Auf diesem Arbeitsmarkt müssen Sie mit Ihrem „Produkt", besser: mit Ihrer Dienstleistung, Ihrer Problemlösungserfahrung Ihren potenziellen „Kunden" überzeugen und zufriedenstellen.

Alles dreht sich um Ihr Wissen, Können oder Ihre Fähigkeiten, Ihr ganz spezielles Fachwissen, Ihre Arbeitskraft. Warum soll ein Kunde (klassisch ausgedrückt: Arbeitgeber) ausgerechnet Ihre Dienstleistung, Ihr Know-how einkaufen, sich also für Sie als den besten Anbieter entscheiden? Diese Frage stellt sich jeder Unternehmer angesichts der Vielzahl der Bewerber.

Mit anderen Worten: Auf welchem Gebiet liegen Ihre Fähigkeiten und Stärken, und wo sind die Arbeitsplatzanbieter, die genau diese Eigenschaften „einkaufen" möchten? Aus Ihrer Sicht: Wer bietet Ihnen einen ordentlich bezahlten Arbeitsplatz, weil er Ihre Fähigkeiten braucht und zu schätzen weiß?

Warum soll ein Kunde (Arbeitsplatzanbieter) sich für Ihr Produkt (Ihr Know-how, Ihre Fähigkeiten) interessieren und bereit sein, 36.000 € plus Nebenkosten pro Jahr zu bezahlen (da kommen schnell zusätzlich noch einmal 10.000 bis 20.000 € und mehr zusammen)?

WICHTIG

Aus dem richtigen Blickwinkel betrachtet, sind Sie auf dem Arbeitsmarkt ein Unternehmer – Sie bieten Ihr Know-how an, Sie können Probleme für „Ihre Kunden" lösen!

Ihre überzeugenden Botschaften

Sie kommen nicht darum herum, sich im Vorfeld eines Vorstellungsgesprächs intensive Gedanken darüber zu machen, wer Sie sind und wie Sie sind – vor allem aber, wie Sie Ihrem Gegenüber etwas von sich vermitteln wollen.

„Und wie bringe ich das rüber?" lautet die Frage. Schreiben Sie sich nach Abschluss Ihrer Überlegungen eine Art persönliches „Drehbuch". Beschreiben Sie Ihre wesentlichen Merkmale, Eigenschaften, Charakterzüge, die Sie vermitteln wollen und die beruflich wichtig sind. Notieren Sie sich, wie Sie diese glaubhaft belegen können. Dabei gilt es, sich auf das Wesentliche zu beschränken, also Hauptmerkmale herauszuarbeiten und nicht etwa ganze Listen von vermeintlich toll klingenden Adjektiven auswendig zu lernen und dann im Vorstellungsgespräch „runterzurattern".

Wie wollen Sie argumentieren?

Das Vorstellungsgespräch stellt die besondere Herausforderung an Sie, sich selbst und Ihr Leistungsangebot Ihrem Gegenüber überzeugend darzustellen, ja sogar dafür zu werben. Was sind Ihre Argumente, warum sollen sich die Arbeitsplatzanbieter und Personalauswähler für Sie als den besten Kandidaten entscheiden? Womit wollen Sie die Entscheider überzeugen? Leicht gefragt, aber in der Beantwortung nicht so einfach.

Bitte notieren Sie innerhalb der nächsten drei Minuten hier (oder auf einem Stück Papier) Ihre Argumente:

Sind Sie mit Ihren skizzierten Argumenten zufrieden? Sind dies wirklich wichtige und auch zahlenmäßig genügend Argumente? Werden diese Ihre Zuhörer und Entscheider positiv für Sie einnehmen? Überlegen Sie erneut, was Sie beruflich und charakterlich auszeichnet!

Nun bringen Sie bitte Ihre Argumente in eine Rangfolge nach der Wichtigkeit und Bedeutung Ihrer Argumentation. Sie bilden dadurch etwa drei gleich große Gruppen. Die erste Gruppe mit den besonders wichtigen Hauptargumenten, ein bedeutsames Mittelfeld und als dritte Gruppe alle restlichen Argumente, die für Sie als richtigen Kandidaten sprechen.

1. Hauptargumente

____

____

____

____

2. Mittelfeld

____

____

____

____

3. Restliche Argumente

____

____

____

____

Ein nächster Schritt besteht darin, zu überlegen, welche der drei entscheidenden Einstellungsgründe – Kompetenz (K), Leistungsmotivation (L) und Persönlichkeit (P) – Ihre eben gesammelten Argumente ansprechen. Mit was für einem Argument haben wir es hier zu tun? Betrifft es Ihre Kompetenz, Ihre Leistungsmotivation oder vermittelt es etwas über Ihre Persönlichkeit? Manche Argumente sind nicht klar zuzuordnen. Versuchen Sie es trotzdem einmal.

1. Beispiel

Sie haben sich für Ihre Ausdauer und Ihr Durchhaltevermögen als wichtiges Argument entschieden. Dies könnte die Leistungsmotivation betreffen („Ich will diese Aufgabe zum Erfolg bringen."), aber auch ein Kennzeichen Ihrer Persönlichkeit sein („Ich bringe grundsätzlich Dinge zu Ende, die ich angefangen habe."). Also ein L- oder ein P-Argument.

2. Beispiel

Sie haben Entscheidungsfreude und Mut aufgeschrieben. Hier wird schnell deutlich, dass neben der Persönlichkeit sehr wohl Kompetenz (entscheiden muss man im Beruf ja auch), aber auch Leistungsmotivation angesprochen werden. Sie allein bestimmen, wie Sie die Buchstaben (KLP) vergeben. Gleichzeitig spielt natürlich auch noch die Rangfolge durch die eben beschriebenen drei Gruppen (sehr wichtig, wichtig und vielleicht auch noch wichtig) eine bedeutsame Rolle: Ist unter Ihren Hauptargumenten kein P-Argument? Dann überdenken Sie Ihre Argumente besser noch einmal.

Ziel: Wenn Sie das geschafft haben, wissen Sie, welche Argumente Sie im Vorstellungsgespräch besonders hervorheben sollten. Damit steigen Ihre Chancen, eingestellt zu werden.

Beispiel: Eine Sekretärin bewirbt sich

Am folgenden praktischen Beispiel werden Sie schnell erkennen, worum es geht. Arbeitsplatzanbieter ist ein etablierter Malermeister mit drei Gesellen. Die Bewerberin ist Charlotte Rembrandt, 50 Jahre alt, verheiratet, zwei erwachsene Söhne, seit einem Jahr ohne Job.

Auf die Frage im Vorstellungsgespräch, warum der Malermeister ihr unbedingt den Arbeitsplatz anbieten sollte, bekommt er von der Bewerberin folgende Argumente zu hören:

- „Ich bin hoch motiviert, fleißig und zuverlässig."
- „Ich habe eine langjährige Erfahrung in Büroorganisation vorzuweisen."
- „Ich habe sehr gute PC-Kenntnisse."

Was meinen Sie: Werden diese Argumente unseren Malermeister überzeugen?

Antwort: Eher nicht.

Begründung: Auch die Kandidaten vor und nach unserer Bewerberin haben sich als fleißig, zuverlässig und gewissenhaft, mit reichlich Büroerfahrung empfohlen. Das ist nichts Außergewöhnliches.

Schade, denn Charlotte Rembrandt hat wirklich etwas Besonderes zu bieten: Sie kann sich enorm engagieren, ist sehr selbstständiges, eigenverantwortliches Arbeiten gewöhnt – ihr letzter Chef hat ihr das gesamte Büro des Malereibetriebes mit 10 Gesellen und 4 Azubis inklusive der Buchhaltung überlassen können – und sie war über 12 Jahre bei ihm, bis er aus Krankheitsgründen den Betrieb schließen musste. Hinzu kommt, dass Charlotte flexibel ist, was die Arbeitszeit anbetrifft. Sie wäre bereit, auch nur 4 Tage à 6 Stunden zu arbeiten, jederzeit aber auch mehr, wenn es die Geschäftslage erfordert. Und das Beste: Ihr neuer Chef würde sogar von der Arbeitsagentur einen großzügigen Lohnkostenzuschuss (Charlotte ist 50) für einen längeren Zeitraum bekommen.

Mit ihren 50 Jahren ist Charlotte eine gestandene Persönlichkeit, die Kinder sind bereits erwachsen und erfordern keinen Betreuungsaufwand mehr. Ihr Mann arbeitet ebenfalls, und so ist für sie die Arbeit von besonderer Bedeutung. Das alles hat Charlotte im Vorstellungsgespräch aber nicht gesagt. Wirklich schade!

Schauen wir uns nochmals Charlottes Argumente an und ordnen wir diesen die drei Schlüsselbegriffe Kompetenz, Leistungsmotivation und Persönlichkeit zu:

1. hoch motiviert, fleißig und zuverlässig: **L** und **P**
2. langjährige Erfahrung in Büroorganisation: **K**
3. sehr gute PC-Kenntnisse: **K**

Diese Zuordnung der Schlüsselbegriffe verdeutlicht nicht nur die „Schieflage" (zu viel K und viel zu wenig P), sondern zeigt insgesamt ein recht mageres Ergebnis. Wenn Sie sich die Zeichnung auf S. 15 anschauen und mit uns übereinstimmen, dass beim Vorstellungsgespräch der persönliche Eindruck um Vieles wichtiger als Leistungsmotivation und Kompetenz ist, wissen Sie, warum Charlotte kaum überzeugen wird. Mit anderen Worten: Will Charlotte im Vorstellungsgesprach erfolgreich sein, braucht sie deutlich mehr und bessere (Verkaufs-)Argumente. Aus den Ihnen eben zur Verfügung gestellten Informationen, die deutlich überzeugender für eine Entscheidung zugunsten von Charlotte sprächen, sollen Sie für sie eine Auswahl treffen und diese hier aufschreiben:

____

____

____

____

____

____

____

____

____

____

____

Sind Sie mit den neuen Argumenten, die Sie Charlotte Rembrandt vorschlagen, zufrieden? Vergleichen Sie Ihre mit unseren Vorschlägen unten …

Auflösung

Gut wären 5 bis 7 Argumente, die Rangfolge entspricht genau der im Text angegebenen Reihenfolge bis auf den letzten Absatz. Ihr Alter, die erwachsenen Kinder und ihr arbeitender Mann sind keine besonders guten Argumente. Ausnahme: der mögliche Zuschuss der Arbeitsagentur aufgrund ihres Alters und der einjährigen Arbeitslosigkeit.

Die Botschaft entwickeln

Ihre Argumente hat Charlotte nun entwickelt und gewichtet. Jetzt geht es darum, dem Entscheider eine klare Botschaft (ich bin die Richtige) näherzubringen. Drei aufeinander abgestimmte Schritte sind dabei zu beachten. Wir zeigen gleich im Anschluss, was Charlotte dazu sagen könnte.

1. Was wollen Sie dem Arbeitsplatzanbieter mitteilen (= Kommunikationsziel)? Charlotte: Für meinen vorherigen Chef habe ich als einzige Sekretärin im Büro folgende Aufgaben übernommen und selbstverantwortlich durchgeführt ... (jetzt kommen die konkreten Arbeitsbereiche und Beispiele).

2. Wie formulieren Sie Ihr Kommunikationsziel? Charlotte: Ich habe am Telefon mit Kunden und unseren Gesellen alle Probleme ... (wieder Beispiele) meistens als Erste verhandelt. Dabei ging es um Termine, aber auch um Probleme mit Kunden wie ..., wo ich ausgleichend und friedenstiftend, manchmal aber auch mit Nachdruck die Interessen aller möglichst unter einen Hut bekommen musste (usw.).

WICHTIG

Arbeiten Sie insbesondere Ihren sogenannten „USP“ (Unique Selling Proposition, Ihre besonderen Fähigkeiten, Ihr Alleinstellungsmerkmal) deutlich heraus. Wie könnte Ihr Alleinstellungsmerkmal lauten, das Sie von anderen Bewerbern vorteilhaft unterscheidet? Verdeutlichen Sie sich dabei immer: Sie werden als Problemlöser gebraucht! Keiner gibt Ihnen ein Job, damit Sie Ihre Miete bezahlen können und etwas zu Essen haben. Nein: Es geht darum, Ihrem Auftraggeber zu helfen, ein Problem zu lösen. Allein aus diesem Grund bekommen Sie den Job ...

3. Wie belegen Sie diese sorgfältig ausgewählten und präzise formulierten Botschaften, um deren Glaubwürdigkeit zu stärken? Welche Situationen, Begebenheiten in Ihrem (Berufs-)Leben verdeutlichen, was Ihre Botschaften als Kurzformeln transportieren sollen? Charlotte: In schwierigen Situationen musste oft schnell eine Entscheidung getroffen werden. Da war keine Zeit zu diskutieren. Hierbei hatte ich von meinem Chef volle Handlungsvollmacht, und er war stets mit meinen Entscheidungen einverstanden. Sie können ihn dazu gern selbst befragen ... Und Sie finden auch etwas dazu in meinem Arbeitszeugnis ...

Kommunikationsziel, Botschaften und Argumentation ergeben so in einem idealen Dreiklang die Entscheidungsgrundlage, auf der sich ein Arbeitsplatzanbieter für Sie als den richtigen Kandidaten entscheiden kann. Sie müssen eine griffige Kurzbotschaft in eigener Sache entwickeln, die überzeugend und glaubwürdig Ihre Kompetenz, Leistungsmotivation und Persönlichkeit vermittelt.

Dabei sollten Sie plausibel machen, dass Sie etwas Besonderes für „Ihren Kunden“, den Arbeitsplatzanbieter, tun können (in der Fachsprache des Marketing nennt man es „USP“ – Unique Selling Proposition –, was auf Deutsch Alleinstellungsmerkmal bedeutet). Und dabei sollte es sich möglichst um etwas handeln, was dieser gerade dringend benötigt. Logisch! Aber leichter gesagt als umgesetzt.

Diese Fragen bringen Sie voran:

- Was ist Ihr Nutzwert?
- Warum soll man sich für Sie entscheiden?
- Was können Sie besser als andere Bewerber?

Was gegen Prüfungsangst bei Vorstellungsgesprächen hilft

Gegen Prüfungsangst hilft eine gute Vorbereitung, d. h., die Beantwortung der Fragen zu üben, sich zu informieren, worum es geht und worauf es ankommt. In besonders gravierenden Fällen sollte man sich nicht scheuen, auch psychotherapeutische Hilfe in Anspruch zu nehmen. Nicht zu empfehlen sind Experimente mit Beruhigungstabletten im Selbsttherapieverfahren.

Ein wichtiger Hinweis kann für Sie die Beschäftigung mit der Frage sein, was Sie konkret befürchten, wenn die „Prüfung" schiefgehen sollte. Schreiben Sie zunächst hierzu alles auf, was Ihnen spontan einfällt. Sie sollten sich mit dieser wichtigen Frage schriftlich auseinandersetzen, die Ausführungen von Menschen, denen Sie vertrauen, gegenlesen lassen und miteinander diskutieren. Notieren Sie auch, wie Sie sich im Vorstellungsgespräch verhalten und was Sie antworten können, wenn Sie nichts mehr wissen. Je länger Sie sich mit diesem Thema auseinandersetzen, desto mehr wird sich Ihre Angst reduzieren, bestenfalls wird sie völlig verschwinden, weil Sie selbst erkennen: So wichtig Ihnen diese Auswahlprüfungssituation erscheint, sie hat auch nur einen begrenzten Wert, eine relative Bedeutung in Ihrem Leben.

Der Nutzen des Telefons

Und noch etwas ganz Wichtiges: die vielfältigen Möglichkeiten und der unterschätzte Nutzen des Telefons. Die meisten Bewerber unterschätzen die Chancen, die der gezielte Einsatz des Telefons in ihrem Bewerbungsvorhaben birgt: Lediglich etwa 10 % der Kandidaten melden sich während der Stellensuche telefonisch. Die „schweigende Mehrheit" dagegen pirscht sich nur schriftlich an die begehrten Arbeitsplätze heran. Ein strategischer Fehler, wie wir meinen.

Diese vier Möglichkeiten des effektiven Einsatzes des Mediums Telefon bei der Bewerbung sollten Sie nutzen – eine gute Vorbereitung der jeweiligen Gesprächssituation vorausgesetzt:

- Informationen sammeln
- Kontakt aufnehmen
- Kontakt halten
- Nachfassen

Die Vorbereitung auf ein wichtiges Telefongespräch

Vielleicht denken Sie jetzt: Telefonieren kann doch jeder …, dazu braucht es keine Vorbereitung. Dies ist zwar richtig, aber Sie wollen bei der ersten Kontaktaufnahme ja nicht klingen wie jeder. Deshalb ist eine gezielte Vorbereitung so wichtig.

Stehen Sie auf, wenn Sie telefonieren. Das gibt Ihrer Stimme Kraft und vermittelt einen dynamischen Eindruck. Wenn Ihr Telefon es erlaubt (und Sie gerade nichts notieren müssen), können Sie während des Gesprächs auf und ab gehen. Ziehen Sie sich für ein wichtiges Telefonat (fast) so an wie für ein Vorstellungsgespräch. Mit Jogginganzug und Hausschuhen, zusammengesunken auf Ihrem Sofa, werden Sie andere nicht überzeugen können. Schauen Sie in einen auf dem Schreibtisch aufgestellten Spiegel – lächeln Sie sich selbst an. Nicht grinsen! Sie werden sehen, wie positiv dies Ihre Ausstrahlung am Telefon beeinflusst.

Beachten Sie auch die folgenden Tipps:

- Vermeiden Sie störende Hintergrundgeräusche.
- Verfassen Sie im Vorfeld ein auf den speziellen Anruf zugeschnittenes Telefonskript.
- Formulieren Sie möglichst konkret.
- Zeigen Sie Präsenz am Telefon (ohne das Zuhören zu vergessen).
- Je häufiger Sie das Telefon in der Bewerbungssituation einsetzen, umso geübter und auch erfolgreicher werden Sie.

Wie Sie angemessen reagieren, wenn der potenzielle Arbeitgeber anruft

Auch Personalchefs greifen während der Bewerberauslese zum Telefon. Sie rufen häufig zunächst beim Bewerber an, um bereits vor einem möglichen Vorstellungsgespräch einen ersten Eindruck zu gewinnen. Wie meldet sich die Person? Falls Familienmitglieder ans Telefon gehen – wurden sie angeleitet, wie sie sich verhalten sollen, wenn der Personaler anruft? Wie reagiert der Bewerber auf diese unerwartete Situation? Wie ist die Gesprächsatmosphäre?

Die Person, die anruft, ist immer im Vorteil. Sie hat sich auf das Gespräch vorbereitet, während Sie wahrscheinlich nicht einmal wissen, wer dieser Herr Schmidt ist, der sich gerade bei Ihnen meldet (Freitagabend, 21 Uhr, oder Samstagmorgen, 9 Uhr). Was können Sie also tun? Eine klassische Lösung ist: „Guten Tag, Herr Schmidt. Ich verabschiede gerade meinen Besuch./Ich habe gerade den Paketdienst an der Tür. Kann ich Sie gleich zurückrufen?" (Vergessen Sie nicht, nach der Telefonnummer zu fragen, bevor Sie auflegen.)

Nun haben Sie ein paar Minuten Zeit, einen Blick in Ihre Notizen zu werfen und sich innerlich auf das Gespräch einzustellen. Kopien Ihrer Bewerbungsanschreiben und eine Liste der Adressaten sollten immer griffbereit neben dem Telefon liegen, denn, falls Sie viele Bewerbungen verschickt haben, können Sie nicht mehr genau wissen, was Sie wem und wie geschrieben haben.

Besonders auf die leicht provozierende Frage des Personalchefs – ob sie nun ausgesprochen wird oder nicht – „Warum sollten wir ausgerechnet Sie einladen?" müssen Sie gut vorbereitet sein. Sie sollten aus dem Stegreif Ihre individuelle Werbebotschaft, also Ihre Verkaufsargumente in eigener Sache, überzeugend vortragen können. Das bedeutet auch, rechtzeitig die richtige Verkaufsargumentation zu entwickeln und einzuüben – spätestens nach Versand der schriftlichen Unterlagen. Nur so machen Sie am Telefon einen überzeugenden Eindruck.

Alle Fragen im Vorstellungsgespräch

Gesprächsablauf und Fragenrepertoire

Der typische Ablauf eines Vorstellungsgesprächs ist in zehn Phasen einteilbar:

Überblick

Die 10 entscheidenden Phasen im Vorstellungsgespräch

1. Begrüßung und Einleitung des Gesprächs
2. Motive Ihrer Bewerbung und Ihre Leistungsmotivation
3. Beruflicher Werdegang, Aus- und Weiterbildung
4. Persönlicher, familiärer und sozialer Hintergrund
5. Gesundheitszustand
6. Berufliche Kompetenz und Eignung
7. Informationen für Sie als Bewerber
8. Arbeits- und Vertragskonditionen
9. Fragen, die Sie als Bewerber haben
10. Abschluss des Gesprächs, Verabschiedung und Klärung, wie es weitergeht

Abgesehen von der Begrüßungs- und Verabschiedungsphase kann die Reihenfolge variieren. Auch müssen nicht gleich beim ersten Vorstellungsgespräch alle Themen ausführlich behandelt werden. In diesem Kapitel (ab S. 35) stellen wir Ihnen die wichtigsten Fragen vor und haben dazu folgendes Schema entwickelt, das wir auf jede Frage oder Fragengruppe anwenden:

- Die wichtigsten **Fragen**
- Zum **Hintergrund** der Fragen
- **Hinweise** zur Beantwortung
- Warnung: **Schlecht geantwortet**
- Vorschlag: **Besser** geantwortet

Übrigens: Jedes Bewerbungsinterview verläuft – je nach Branche und angestrebter Position – ein wenig anders. Die wesentlichen Frageinhalte sind jedoch sowohl für Klein- wie Großverdiener von Bedeutung. Ob Sekretärin, Ärztin, Dachdecker oder kaufmännischer Angestellter – im Wesentlichen sind die Fragen in den Gesprächsphasen 2 bis 6 gleich.

Bewerben Sie sich aus der Arbeitslosigkeit heraus oder wollen Sie nach längerer Unterbrechung wieder in den Beruf einsteigen, sind im Vorstellungsgespräch einige besondere Aspekte zu berücksichtigen (s. S. 63). Weiterhin beschäftigen wir uns auch mit Fragen, die speziell Bewerberinnen gestellt werden (s. S. 65).

Ihre Antworten auf die drei wichtigsten Fragen (s. rechts unten) sollten Sie unbedingt sorgfältig vorbereiten. Allein mit den Fragen 2und 3 kann man alle anderen Fragen, die wir Ihnen hier vorstellen werden, abdecken. Die umfangreichste Frage ist jedoch die freundlich klingende Aufforderung, etwas über sich zu erzählen ... Wer hier aus Verlegenheit und mangelnder Vorbereitung nur seinen Namen stammelt und erzählt, wo er geboren und aufgewachsen, zur Grund- und dann zur Oberschule gegangen ist usw., vergibt beachtliche Chancen.

Wie ein Vorstellungsgespräch tatsächlich abläuft, können Sie aktiv mitbestimmen, da Sie als Bewerber den Gesprächsverlauf wesentlich beeinflussen. Beweis: Wetten, dass ein ausgefallenes Hobby wie z. B. Geocaching, das Sie in Ihrem Lebenslauf erwähnt haben, Ihr Gegenüber dazu veranlasst, nachzufragen?

Auch wenn dies ein wenig konstruiert klingen mag. Es geht uns darum, Ihnen zu verdeutlichen, dass ein Teil der Fragen im Vorstellungsgespräch sich von Ihren Angaben im Bewerbungsanschreiben, Lebenslauf und den Anlagen (z. B. Arbeitszeugnissen) ableiten lässt. Beispielsweise würde die Tatsache, dass Sie Ihre beiden vorletzten Arbeitgeber jeweils bereits nach einem Dreivierteljahr wieder verlassen haben, auf jeden Fall intensiveres Nachfragen provozieren.

WICHTIG

Die entscheidenden drei Hauptfragen im Vorstellungsgespräch lauten:

1. **Wir möchten Sie kennenlernen, erzählen Sie uns etwas über sich ...**
2. **Warum bewerben Sie sich bei uns?**
3. **Warum sind Sie der richtige neue Mitarbeiter für uns?**

Zusammengefasst

Die Art und Weise, wie Sie antworten, wie glaubwürdig und nachvollziehbar Ihre Antworten sind und welche Dinge Sie ausführlich oder nur knapp mitteilen, hat einen deutlichen Einfluss auf den weiteren Verlauf des Gesprächs. Dazu ist es aber unbedingt notwendig, sich sorgfältig vorzubereiten, sich gut zu überlegen, welches Bild im Kopf des Gegenübers über Sie entstehen soll.

Auf der rechten Seite beginnen die einzelnen Fragen, die wir Ihnen in der Reihenfolge der 10 Gesprächsphasen (s. S. 32) präsentieren.

Überblick

Die gelungene Eröffnungsphase Ihres Vorstellungsgesprächs

Bevor das typische Frage-und-Antwort-„Spiel" anfängt, wird das Vorstellungsgespräch meistens durch Small Talk eingeleitet.

Es geht hier um den berühmten ersten Eindruck, für den Sie keine zweite Chance bekommen. Nutzen Sie also die ersten Minuten dieser Begegnungssituation, um Sympathie entstehen zu lassen.

Versuchen Sie, gelassen zu wirken und (einigermaßen) selbstsicher zu erscheinen. Vermeiden Sie es, abgehetzt, angespannt und nervös zu wirken. Lächeln Sie Ihr Gegenüber freundlich an, halten Sie Blickkontakt. Es geht in dieser allerersten Phase um die direkte persönliche Kontaktaufnahme, um Ihr Äußeres, Ihr Auftreten und Ihre Umgangsformen.

Kommen Sie pünktlich oder auf die letzte Minute? Wirken Sie gehetzt, ängstlich-nervös oder ruhig, natürlich und gelassen – ohne übertriebene Selbstsicherheit, Plumpheit oder sogar Arroganz? Sind Sie anpassungsfähig – vor allem aber: Machen Sie einen sympathischen (ersten) Eindruck?

1. Der erste Moment Ihrer Begegnung und Start des Gesprächs

Begrüßung, Händedruck, Vorstellung, Dank

Hintergrund: erster Eindruck, Kontaktaufnahme, Äußeres, Umgangsformen, Auftreten und erste Überprüfung der Anpassungsfähigkeit. Die Sicherheit Ihres Auftretens, Ihre Pünktlichkeit etc. werden beurteilt.

Hinweise: Die eben genannten Aspekte der ersten Minuten des Vorstellungsgesprächs deuten es bereits an – wer dem Personalchef unpünktlich, abgehetzt und verschwitzt gegenübertritt oder sichtlich gelangweilt, vielleicht sogar genervt wirkt, weil er/sie 20 Minuten warten musste, reagiert auf den „Eröffnungszug" des Arbeitgebers sehr ungeschickt.

Ein zu kräftiger Händedruck (Marke „Knochenbrecher") oder völlige Laschheit („tote Hasenpfote") erzeugen wenig Sympathie in den ersten wichtigen Sekunden dieser für Sie bedeutsamen Begegnung mit Ihrem möglichen Arbeitgeber. Kein verschämter Blick nach unten, sondern freundlich ins Gesicht lächeln, angemessen die Begrüßung erwidern. Sprechen Sie Ihren Namen deutlich aus und merken Sie sich den Namen Ihres Gesprächspartners für gelegentliche Verwendung im Gespräch. Auch für spätere Nachfrageaktionen muss man unbedingt wissen, mit wem man gesprochen hat.

Wichtig: Bedanken Sie sich … für die Einladung, die Zeit, die man sich für Sie nimmt, die Organisation etc.

Schlecht gestartet: *Ja, hier bin ich nun!*

Besser: *Haben Sie vielen Dank für die Einladung, ich freue mich, heute bei Ihnen sein zu dürfen …*

Small Talk

- **Schön, dass Sie gekommen sind …**
- **Haben Sie leicht hergefunden …**
- **Was für ein Wetter …**

Hintergrund: Ihre Gesprächspartner wollen sich selbst und Sie in einer ersten Phase auflockern, eine freundliche Gesprächsatmosphäre herstellen und Ihre eventuelle Verkrampfung (Aufgeregtheit, Prüfungsangst) abbauen.

Hinweise: Das Small-Talk-Angebot sollten Sie nicht ablehnen (*Wie, interessiert Sie das Wetter wirklich?*), sondern diplomatisch, mit Höflichkeit und angemessener Zurückhaltung darauf eingehen.

Wichtig: Auch an dieser Stelle können Sie sich bedanken oder ein Kompliment machen, z. B.: Wie wunderbar schnell der Termin geklappt hat, wie toll alles organisiert war (z. B. falls Sie von außerhalb kommen) oder wie schön die Räumlichkeiten hier sind etc. Denn: Wer hört nicht gerne ein Kompliment. Es darf nur nicht völlig gelogen sein, sondern sollte halbwegs passen … und es wird Ihnen helfen, eine gute Einstiegsatmosphäre herzustellen.

Schlechter Auftakt: *Nun lassen Sie uns mal anfangen, Sie wollen doch sicher etwas von mir wissen …*

Besser: *Ja, das hat alles wunderbar geklappt, Ihre Sekretärin war so nett und hat mir … Das ist ja hier ein ganz toller Ort/ein schönes Gebäude/eine sehr interessante Gegend etc.*

- **Möchten Sie etwas trinken (Wasser, Kaffee, Alkohol)?**

Hintergrund: Dies gehört ebenfalls zur Bemühung, eine entspannte Atmosphäre herzustellen, und dient gleichzeitig der Beobachtung Ihrer Reaktion. Vielleicht nicht immer, aber auch nicht selten!

Hinweise: Alkohol in jedem Fall ablehnen, Kaffee können Sie natürlich annehmen. Besser äußern Sie keine komplizierten Getränkewünsche wie: „Mineralwasser, aber bitte Medium und nicht zu kalt …"

Wichtig: In dieser ersten Gesprächsphase, in der schon wesentlich die Sympathieweichen gestellt werden, kommt es darauf an, einen guten Eindruck zu vermitteln. Versuchen Sie zu klären, wie viel Zeit für das Vorstellungsgespräch eingeplant ist.

Schlechter Start: *Hätten Sie vielleicht auch einen Kamillentee? Wissen Sie, ich hab's mit dem Magen …*

Besser: *Danke, das ist wirklich sehr freundlich. Ich nehme bitte … (was immer Ihnen angeboten wurde), vielen Dank …*

2. Fragen zum Motiv Ihrer Bewerbung und Leistungsbereitschaft

- **Wie ist es zu Ihrer Bewerbung bei uns gekommen?**
- **Was reizt Sie an dieser Aufgabe?**
- **Warum wollen Sie dies gerade bei uns machen?**

Hintergrund: Abchecken von Motivation und Interesse. Wie groß ist beides? Was bewegt Sie wirklich? Wie sieht Ihre Situation aus: Ist der Arbeitsplatz erste Wahl oder nur eine Kompromiss- wenn nicht gar Notlösung?

Hinweise: Auf diese Standardfragen müssen Sie vorbereitet sein und sie flüssig und überzeugend beantworten können. Es handelt sich hier um die wichtigsten, entscheidenden Fragen und Themen im ganzen Gespräch. Wem hier nichts Besseres einfällt als „Ihre Anzeige hat mich angesprochen …", gehört von vornherein zu den Verlierern.

Schlecht geantwortet: *Gute Frage, da muss ich nachdenken …* Oder: *Ich brauche das Geld … Bei uns in der Firma herrscht Einsparwahn … Der Chef/mein Vorgesetzter/die Kollegen …* (jetzt folgt eine negative Aussage)

Besser: *Ich suche nach X Jahren wieder eine neue Herausforderung … Ich möchte meinen beruflichen Horizont erweitern … Ich wünsche mir ein anderes Umfeld.* (Achtung! Auf Nachfragen vorbereitet sein! „Warum?" lautet immer die sich anschließende Frage.)

- **Aus welchen Gründen wollen Sie den Arbeitsplatz wechseln?**
- **Weshalb wollen Sie Ihre jetzige Tätigkeit/ Position aufgeben?**

Hintergrund: Analyse der Beweggründe für Ihre Bewerbung, Ausleuchten Ihrer Ausgangs- und Hintergrundsituation. Wie unzufrieden sind Sie und was ist der Grund dafür?

Hinweise: Hier kommt es auf eine verständlich klingende, überzeugende Präsentation an. Verlieren Sie sich nicht im Detail und beklagen Sie sich nicht über Ihren jetzigen (früheren) Arbeitgeber. Was gern gehört wird: vorankommen wollen, Herausforderung, Reiz an einer neuen Aufgabe.

Schlecht geantwortet: *Unser Betrieb hat Probleme … Ich habe Schwierigkeiten mit Vorgesetzten, Kollegen etc. Ich habe die Nase voll, werde nicht gerecht behandelt/bezahlt.*

Besser: *Das, was ich von Ihnen gelesen habe, klang sehr interessant, und da dachte ich … Ich suche eine neue Herausforderung.* (Dann sollten Sie aber auf Nachfrage gut begründen können, was, warum und wie Sie sich das vorstellen.)

- **Was reizt Sie an der neuen Aufgabe?**
- **Was verbinden Sie mit der von uns angebotenen Position/Aufgabe?**
- **Warum wollen Sie gerade bei uns arbeiten?**
- **Was ist aus Ihrer Sicht das Besondere an uns?**

Hintergrund: Ihre Motivation, wie gut haben Sie sich vorbereitet, wie realistisch sind Ihre Einschätzungen? Kommt bei Wiederholungsfragen Widersprüchliches zutage?

Hinweise: Wieder müssen Sie überzeugend argumentieren, auch bei den Wiederholungsfragen Geduld zeigen und sollten sich nicht verstricken. Sind die von Ihnen genannten Gründe nachvollziehbar? Machen Sie deutlich, dass Sie sich auf die beruflichen Aufgaben und den potenziellen Arbeitgeber gut vorbereitet haben und sich darauf freuen, mitarbeiten zu dürfen. Gern gehört sind Stichworte wie „Zukunftschancen" und „Image der Firma" – aber vermeiden Sie zu plumpe Schmeicheleien.

Schlecht geantwortet: Schweigen … *Lassen Sie mich mal überlegen, das Gehalt … Dass ich meiner jetzigen Firma den Rücken zeigen kann …*

Besser: *Es sind mehrere Dinge, die da zusammenkommen, und zwar …*

- **Haben Sie einen besonderen Bezug zu unserem Unternehmen?**
- **Was wissen Sie über uns und unsere Produkte/Dienstleistungen?**
- **Kennen Sie Mitarbeiter aus unserem Haus? Was haben die Ihnen denn so alles über uns erzählt?**

Hintergrund: Wertschätzung der Firma. Woher beziehen Sie Ihre Informationen? Wissen Sie, was man wie sagt und was man lieber für sich behält?

Hinweise: Ein persönlicher Bezug zum Unternehmen kann von Vorteil sein. Bereiten Sie sich auf eine glaubwürdige Aussage vor. Lassen Sie sich nicht dazu verleiten, aus der internen Firmen-Gerüchteküche zu plaudern. Bevor Sie angeben, jemanden aus dem Unternehmen zu kennen, müssen Sie wissen, wie dessen Position und Ansehen ist.

Schlecht geantwortet: *Zugegeben, ich weiß nur das, was auch in der Anzeige steht …*

Besser: *Ich habe mich informiert, im Internet umgeschaut, Ihre Webseite besucht, mit Freunden und Kollegen über dies und das gesprochen … z. B., was Ihr Unternehmen macht, wofür es steht usw. … alles sehr positiv, beeindruckend …*

- **Haben Sie zurzeit noch andere Bewerbungsverfahren?**
- **Gibt es konkrete Verhandlungen bzw. Ergebnisse?**

Hintergrund: Wieder geht es um Ihre Motivation, Ihre Beweggründe, die Ernsthaftigkeit Ihres Wunsches nach genau diesem Arbeitsplatz. Wie viel Druck oder auch Ehrgeiz steckt hinter Ihrem Anliegen? Aber auch die Wertschätzung gegenüber dem potenziellen neuen Arbeitgeber findet in der Antwort Ausdruck.

Hinweise: Diese Frage könnte sich als Falle herausstellen. Wie hoch ist Ihre Identifikation mit dem laufenden Bewerbungsverfahren? Also: Kein Wort über Absagen und Fehlschläge und besser nichts über parallele Verhandlungen! Sollte das Erwähnen anderer Bewerbungen notwendig sein, um glaubwürdig zu wirken, dann deutlich „runterspielen"!

Schlecht geantwortet: *Lassen Sie mich mal nachrechnen, also 25 im letzten Monat, seit Beginn des Jahres etwa 150, ... äh, nein, ich will nicht lügen, also nur 145, und letzte Woche ...*

Besser: *Ich habe mich schon hin und wieder mal umgeschaut, also ein, zwei Bewerbungen in der letzten Zeit geschrieben, beide sind noch offen ...*

- **Könnten Sie sich vorstellen, zu einem späteren Zeitpunkt in die alte (jetzige) Firma zurückzukehren?**
- **Was bewog Sie damals, im Jahre 200X und 200Y, den Arbeitsplatz zu wechseln?**

Hintergrund: Wechseln oder wechselten Sie die Firma im Frieden oder Unfrieden? Gibt es sich wiederholende Motive, die Sie zum Wechseln veranlassen? Spielen dabei Probleme eine Rolle, die mit Ihrer Person zusammenhängen (vor denen der Arbeitgeber sich bewahren möchte)?

Hinweise: Die Beantwortung der ersten Frage hängt stark davon ab, was Sie vorher über Ihre berufliche Situation und die Motive Ihrer Wechselabsicht gesagt haben. Sie sollten gut vorbereitet sein und auch frühere Arbeitsplatzwechsel in Ihrem Berufsleben verständlich darstellen und erklären können. Schuldzuweisungen oder über ehemalige Arbeitsplatze, Vorgesetzte und Kollegen „schlecht zu sprechen" kommt extrem negativ bei Ihrem Gegenüber an. Also bloß nicht!

Schlecht geantwortet: *Nein, das käme nicht infrage, und warum ich damals von dort nach dort gewechselt bin, das weiß ich jetzt doch nicht mehr.* Oder: *Darüber möchte ich nicht sprechen.*

Besser: *Ich glaube, das ist eher unwahrscheinlich, aber man sollte ja nichts ausschließen. Ich werde jedenfalls keine „verbrannte Erde" hinterlassen, wenn ich ausscheide. So habe ich es schon immer gehalten, und der Wechsel damals hatte diesen*

Grund ... Zum Beispiel: *Ich bin angesprochen worden, ob ich Interesse hätte, diese oder jene Aufgabe zu übernehmen, und das habe ich mir damals überlegt und dann zugesagt. Und zur Wechselmotivation von damals: Nun, ich bekam einen Tipp, ich solle mich doch mal dort vorstellen ... und die waren sehr interessiert an mir, machten mir ein sehr gutes Angebot ...*

- **Was hat für Sie Priorität (erste Wichtigkeit) bei Ihrer Arbeit?**
- **Wie stellen Sie sich im Idealfall Ihre Arbeit vor?**
- **Was sind Vor- und Nachteile der angebotenen Arbeit? Wie wollen Sie damit umgehen?**

Hintergrund: Wie intensiv haben Sie diese Themen bereits durchdacht? Wie realistisch sind Ihre Einschätzungen? Was für ein „Mitarbeiter" sind Sie? Wie präsentieren Sie sich? Welche Merkmale zeigen Sie? Welche Vorhersage kann man aus Arbeitgebersicht aufgrund Ihrer Antworten machen?

Hinweise: Stellen Sie sich geschickt an im Umgang mit schwierigen Themen. Verlieren Sie sich nicht in Details und behalten Sie das realistische Mittelmaß in der Darstellung Ihrer Persönlichkeit und Fähigkeiten. Wer an dieser Stelle einen zehnminütigen Vortrag hält oder Extrempositionen vertritt, ist schnell aus dem Rennen.

Schlecht geantwortet: *Hauptsache, die Bezahlung stimmt, keine Überstunden und ich werde immer fair behandelt ... Mein Traumjob ist, Vorgesetzter zu sein und Aufgaben zu delegieren ... Nachteile, da kann ich mir nichts vorstellen, ich sehe nur Vorteile ...*

Besser: *Mir ist bei meiner Arbeit wichtig ... Eigenverantwortung, ein klar umrissenes Aufgabengebiet, ein gutes Miteinander, Klima (gute Kommunikation) unter den Mitarbeitern und auch ein gutes Verhältnis zum Vorgesetzten. Jede Arbeit hat Vorteile und gelegentlich auch Schattenseiten. Die Vorteile sehe ich darin, dass ... als Nachteil fällt mir jetzt ein ... aber damit kann ich leben, mich gut arrangieren.*

- **Sie haben sich bei uns für die Aufgabe/Position XY beworben. Wir können Ihnen diese aber nicht anbieten, dafür aber etwas anderes in unserem Haus – wären Sie interessiert? Gibt es – ganz allgemein – auch noch andere Aufgaben/Positionen, die interessant für Sie wären (welche und warum)?**

Hintergrund: Check der Leistungsmotivation, Zielstrebigkeit und Anpassungsbereitschaft.

Hinweise: Auch hier befinden Sie sich mit Ihrer Antwort auf einer Gratwanderung. Mögliche Gefahren: 1. Ihre Motivation für die aktuelle Bewerbung erscheint als zu gering, auch Ihre Zielstrebigkeit lässt Zweifel aufkommen; 2. Flexibilität und Anpassungsbereitschaft erscheinen unterentwickelt. Antwortempfehlung in der Tendenz: „Ich habe mich zwar auf die konkrete Position beworben, würde aber unter Umständen auch für Ihr Unternehmen arbeiten, wenn Sie eine akzeptable Alternative zu XYZ anbieten ..." Natürlich gibt es noch andere Aufgaben und Positionen, die Sie interessieren – aber Vorsicht, nicht verplaudern.

Schlecht geantwortet: *Aber ja doch, bieten Sie mir etwas an und wir werden ja sehen, wie das klappt. Generell bin ich offen für alles ... ich hab ja sonst keine anderen Möglichkeiten ...*

Besser: *Das fände ich sehr schade, ich könnte mir die ausgeschriebene Aufgabe gut vorstellen ... Aber was wäre denn die neue Position, die Sie mir anbieten würden?*

- **Auf welche Ihrer beruflichen Leistungen und Erfolge sind Sie besonders stolz? Und nun zu Ihren Misserfolgen ...**

Hintergrund: Was haben Sie als Leistungsnachweis anzubieten? Nebenbei: Wie gehen Sie mit vielschichtigen Fragen um?

Hinweise: Während bei den Erfolgsberichten nicht gespart werden muss – insbesondere bei den Teamleistungen –, gilt es bei den Misserfolgen, zurückhaltend und eher bei sich selbst zu bleiben, ohne wirklich gravierende, irreparable Schäden zu beichten.

Schlecht geantwortet: *Also, Sie stellen ja Fragen ... da muss ich erst mal überlegen. So richtig stolz bin ich eigentlich auf nichts ... also, mein größter Erfolg war, das ist jetzt schon so etwa 20 Jahre her ...*

Besser: *Ich hatte im letzten Jahr die Aufgabe, mich intensiv um XX* (bitte setzen Sie hier Ihre Geschichte ein!) *zu kümmern ... Das Ergebnis war dann so und so* (benennen), *und mein Chef war sehr zufrieden und hat mich wegen der guten Resultate mehrfach gelobt, sogar vor den Kollegen, was mir fast schon ein bisschen unangenehm war ... Ja, und Misserfolge, also natürlich ist schon mal das eine oder andere* (bitte hier besser nichts einsetzen!) *nicht ganz so gelaufen, wie man sich das gewünscht hat. Aber es gab keine Katastrophen ...* Lediglich auf intensive Nachfrage erzählen Sie, wie vielleicht ein interessanter Auftrag (o. Ä.) durch die Konkurrenz weggeschnappt wurde, weil diese z. B. dann doch den Preis unterboten hat.

- **Wie sehen Sie Ihre Zukunft?**
- **Was sind Ihre Ziele?**
- **Was möchten Sie in 3, in 5 und was in 10 Jahren erreicht haben?**

Hintergrund: Es geht um Leistungsbereitschaft und Motivation, um „Biss", visionäre Begabung und Zukunftsplanung.

Hinweise: Als leistungsmotivierter Mitarbeiter sind Sie zuversichtlich, was Ihren beruflichen Werdegang angeht. Aber: Übertreiben Sie nicht zu sehr, damit man nicht denkt, Sie würden gleich alles „umkrempeln" wollen, oder man gar vor Ihnen Konkurrenzangst bekommt und glaubt, Sie würden sofort die Säge am Stuhl Ihres Vorgesetzten ansetzen …

Schlecht geantwortet: *Die Zukunft sieht sicherlich nicht so ganz einfach aus … Na, das ist ja aber noch lange hin … also mein Ziel wäre es, zunächst so eine Aufgabe wie die Ihre zu schaffen …*

Besser: *Ich bin Optimist … Mein berufliches Ziel in X Jahren ist … zunächst einmal möchte ich aber den Einstieg schaffen und beweisen, was ich leisten kann.*

3. Ihr beruflicher Werdegang, Ihre Aus- und Weiterbildung

- **Wie verlief Ihr bisheriger Berufsweg?**
- **Aus welchen Gründen haben Sie sich für die Arbeitsplätze X, Y und Z entschieden?**

Hintergrund: Planung oder Zufall? Auf- oder Abstieg? Ist ein roter Faden bei Ihren Beweggründen für Arbeitsplatz- und Aufgabenwechsel erkennbar?

Hinweise: Was Sie in Ihren Bewerbungsunterlagen kunstvoll zu Papier gebracht haben, müssen Sie jetzt überzeugend und gegebenenfalls auch ausführlich darstellen und begründen können. Wichtig: Dabei kommt es auf die Präsentation eines logischen Zusammenhangs zwischen einzelnen beruflichen Stationen an. Mit dem gereizten Hinweis „Das steht doch alles in meinen Unterlagen" katapultieren Sie sich aus dem Bewerbungsverfahren.

Schlecht geantwortet: *Alles prima gelaufen, mehr oder weniger, wie das eben so ist. Und warum ich mich damals für die Firma X und die Aufgabe Y entschieden habe, kann ich heute nicht mehr so genau sagen …*

Besser: *Nach meiner Ausbildung habe ich dieses und jenes verfolgt und dabei dies und das gelernt. Sehr dankbar bin ich für die Erfahrungen, die ich bei XYZ machen durfte, das hat mir viel gebracht … Der Wechsel von A nach B hatte den Hintergrund, dass ich nach soundso vielen Jahren auch noch ein anderes Unternehmen kennenlernen wollte, um zu sehen, wie machen die das …*

- **Nennen Sie wichtige Aspekte Ihrer bisherigen Tätigkeiten/Ausbildungsgänge.**
- **Was haben Sie an Ihrem jetzigen Arbeitsplatz für das Unternehmen erreicht?**

Hintergrund: Wissen Sie, worauf es bei der Arbeit ankommt, und gelingt es Ihnen, komplexe Sachverhalte überzeugend auf den Punkt zu bringen? Passt dies inhaltlich zu der angebotenen Stelle? Welche Selbsteinschätzung haben/zeigen Sie?

Hinweise: „Weil ich das und das gelernt, gearbeitet, geleistet habe, bin ich für diese Position gut geeignet" – ohne dies wörtlich auszusprechen, sollte so ungefähr der Tenor sein, mit dem diese Frage zu beantworten ist.

Schlecht geantwortet: *Na, Sie stellen ja Fragen, das müsste doch besser mein Chef beantworten …*

Besser: *Hauptsächlich habe ich mich um dies und das gekümmert, das verfolgt etc. Und die wichtigsten Resultate im letzten Jahr waren beispielsweise …*

- **Wie würden Sie sich heute entscheiden, wenn Sie nochmals die Möglichkeit hätten, Ihre berufliche Laufbahn zu planen? Was würden Sie anders machen?**

Hintergrund: Wie zufrieden sind Sie, wie stark ist Ihre Identifikation mit Ihrer derzeitigen Berufstätigkeit?

Hinweise: Weder satte Selbstzufriedenheit noch große Zweifel sollten hier die Antwort bestimmen. Wichtig: Man würde an seinem beruflichen Werdegang im Prinzip nichts Wesentliches ändern wollen.

Schlecht geantwortet: *Ja, wenn ich noch mal ganz von vorne anfangen könnte, ja dann …*

Besser: *Ich bin eigentlich ganz zufrieden, so wie die beruflichen Dinge gelaufen sind, und mit dem, was ich jetzt beruflich mache …*

- **Was haben Sie zuletzt an Ihrem Arbeitsplatz genau gemacht – was gerne und was ungern? Schildern Sie uns mal einen typischen Arbeitstag.**

Hintergrund: Es geht um den tieferen Einblick in Ihre derzeitigen Aufgaben und die Überprüfung, ob der gute Eindruck aufgrund Ihrer schriftlichen Unterlagen Bestand hat. Mit anderen Worten: Man versucht, Ihre beruflichen Schwachstellen zu enttarnen.

Hinweise: Diese auf den ersten Blick harmlos klingenden Fragen sind schwieriger zu beantworten, als Sie glauben. Deshalb erfordern sie eine besonders gute Vorbereitung. Wer z. B. bei seinem aktuellen Arbeitsplatz alles gut und gerne macht, lügt ausgesprochen ungeschickt. Warum dann wohl der Wechsel?

Schlecht geantwortet: *Gar nicht so einfach, das jetzt hier zu erzählen ... was mache ich denn so den lieben langen Tag ... Also morgens, wenn ich komme, dann begrüße ich erst mal die Kollegen, zund die Kollegin Müller ist immer schon früher da und Mayer kommt häufig auch vor mir und dann trinken wir erst mal Kaffee und sprechen über dies und das und dann ...*

Besser: *Meine Hauptaufgabe besteht darin, mich um dies und das zu kümmern, diese Sorte von Problemen, Arbeiten sind es, für die ich speziell zuständig/verantwortlich bin ... Am besten ich schildere Ihnen mal, was gestern/letzte Woche/letzten Monat zu tun war ...*

- **Warum haben Sie diesen beruflichen Werdegang eingeschlagen, diesen Beruf/diese Arbeitsaufgaben gewählt?**

Hintergrund: Wie überzeugend können Sie sich und Ihre Leistungen präsentieren? Gibt es ein stimmiges Bild, spürt man das richtige Maß an Zufriedenheit und Energiepotenzial?

Hinweise: Hier gilt es, den Eindruck von Zufälligkeit und „Schicksal" zu vermeiden. Überlegen, planen und vorausschauendes Handeln sind die wichtigsten Schlüsselwörter.

Schlecht geantwortet: *Das hat sich so ergeben, wissen Sie, das war auch ein bisschen Zufall und Glück und so ... Mein Großvater mütterlicherseits und meine Mutter, die waren auch schon ... Und dann haben meine Eltern gesagt, mach doch das ...*

Besser: *Ich hatte schon seit frühester Jugend den Wunsch, dies und das zu tun, und so habe ich mich besonders für solche Tätigkeiten interessiert, bei denen es um ... geht, und das war ausschlaggebend für meine Berufswahl/meinen Aufgabenschwerpunkt ...*

- **Warum haben Sie Ihren Arbeitgeber häufig bzw. selten gewechselt?**

Hintergrund: Schwachstellen aufdecken; den Bewerber durch diese Fragen mit einer schwierigen, unter Umständen peinlichen Situation konfrontieren und beobachten.

Hinweise: Gut vorbereitet sein; gut argumentieren können; glaubwürdige Darstellung, auch mit dem Bekenntnis eigener Fehler. Lassen Sie sich nicht aus der Ruhe bringen und reagieren Sie nicht aggressiv.

Schlecht geantwortet: *Wissen Sie, da gab es nach meinen Fähigkeiten doch eine enorme Nachfrage ... Ganz ehrlich, ich habe nicht gewusst, wo ich hätte sonst arbeiten sollen ... war froh, dort bleiben zu dürfen ...*

Besser: *Das liegt sicher immer auch im Auge des Betrachters. Aus Ihrer Sicht habe ich vielleicht zu häufig/schnell gewechselt. Für mich waren da folgende Argumente entscheidend ... Sie wundern* *sich, wie lange ich da war. Nun, ich fühlte mich wohl, war hoch angesehen, meine Leistungen wurden geschätzt …*

- **An welchen Fortbildungsmaßnahmen haben Sie teilgenommen – initiiert durch Ihre Firma oder Sie selbst?**

Hintergrund: Überprüfung von Kompetenz und Leistungsmotivation. Haben Sie Fortbildungen aus eigenem Antrieb oder nur auf Anordnung Ihres Chefs besucht?

Hinweise: Wenige Sätze reichen aus. Es kommt darauf an, dass Ihr Gegenüber merkt: Sie wissen etwas zu berichten. Auch Fachliteratur und Austausch mit Kollegen können hier aufgeführt werden. Besser sind natürlich Tagungen, Messen, Fortbildungsveranstaltungen.

Schlecht geantwortet: *Fortbildung, darum habe ich mich nicht/hat sich bei uns im Unternehmen niemand gekümmert …*

Besser: *Im letzten Jahr habe ich die und die Messen/Kongresse/Veranstaltungen besucht … ich lese regelmäßig die Fachpresse* (bitte benennen können, auch die letzten Artikel, die Sie beeindruckt haben …) *war auf dieser Fortbildung/internen Schulungsmaßnahme etc.*

- **Haben Sie Personen kennengelernt, die für Sie Vorbildcharakter hatten? Erzählen Sie uns ausführlicher darüber! Gab es auch Negativbeispiele?**
- **Gibt es an Ihrem jetzigen Arbeitsplatz einen Menschen, den Sie wegen seines Erfolges bewundern? Und weshalb?**

Hintergrund: Überleitung zur „Erforschung" Ihrer Persönlichkeitsstruktur in Bezug auf den Beruf. Von der Art der Vorbilder werden – im positiven wie im negativen Sinne – Rückschlüsse auf Sie gezogen. Wie möchten Sie gerne sein, wie nicht? Was finden Sie an anderen bemerkenswert und was unwichtig?

Hinweise: Signalisieren Sie, die Bedeutung der Vorbildfunktion zu kennen und wertzuschätzen (mit Beispielen). Benennen Sie Stärken und auch kleinere Schwächen von anderen, und denken Sie gleichzeitig daran, dass Ihr Urteil auch über Sie etwas aussagt.

Schlecht geantwortet: *Nein, damit kann ich nicht dienen … habe mir darüber noch nie Gedanken gemacht …*

Besser: *Ich habe während meiner Ausbildung/Schulzeit sehr diese und jene Person bewundert* (bitte begründen, warum!) *und dieser Mensch hat schon Einfluss auf meine berufliche Entwicklung/auf mein Denken und Handeln gehabt …*

- **Fühlen Sie sich in Ihren beruflichen Leistungen von Ihren früheren/jetzigen Vorgesetzten angemessen beurteilt?**

Hintergrund: Wie gehen Sie mit dem heiklen Thema Leistungsbeurteilung um? Lassen Sie sich provozieren und verteilen Sie Schuldzuweisungen?

Hinweise: Halten Sie sich bedeckt und lassen Sie sich nicht provozieren. Vermeiden Sie vor allem Klagen über Ihre früheren Vorgesetzten und damit eine unglückliche Selbstdarstellung.

Schlecht geantwortet: *Ach, da könnte ich Ihnen stundenlang Sachen erzählen … das wollen Sie doch gar nicht alles wissen …*

Besser: *Ja, im Wesentlichen unbedingt. Natürlich gab es auch, aber nur sehr, sehr selten, unterschiedliche Einschätzungen bezüglich …, aber wir konnten uns immer darüber verständigen …*

- **Was würden Sie an Ihrem jetzigen Arbeitsplatz verändern, wenn Sie Veränderungen durchführen könnten, wie Sie wollen?**

Hintergrund: Sind Sie ein notorischer Besserwisser oder gar ein „Revolutionär"? Ein reiner Provokationstest – es geht nicht um Ihre Kreativität.

Hinweise: Natürlich gibt es Dinge, die veränderungswürdig sind, aber dies ist hier nicht der Rahmen, angemessen die Probleme eines anderen Arbeitsplatzes zu diskutieren. Halten Sie sich bedeckt und fallen Sie nicht auf diesen Provokationstest rein!

Schlecht geantwortet: *Lassen Sie mich überlegen, wo fang ich an, ja, da gibt es wirklich eine ganze Menge, da ist viel im Argen, da müsste man …*

Besser: *Im Prinzip bin ich mit den meisten Dingen und Handhabungen doch recht zufrieden, wir führen auch regelmäßige Gespräche, was so ansteht, Verbesserungen oder wenn jemand Probleme hat, dann kann er diese in der Runde offen ansprechen … das machen Sie doch sicherlich hier in diesem Betrieb ähnlich … ich für einen Teil wünsche mir jetzt eine neue Herausforderung …*

- **Bei Ihrem beruflichen Werdegang: Warum haben Sie z. B. nicht XYZ … gemacht?**
- **Wie erklären Sie sich die Probleme an Ihrem jetzigen Arbeitsplatz?**

Hintergrund: Wie reagieren Sie auf Vorhaltungen nach der Art eines Stressinterviews (s. S. 72). Bei Ihrer Antwort wird mehr auf das „Wie" als auf das „Was" geachtet.

Hinweise: Man fühlt Ihnen auf den Zahn, und das kann schmerzhaft sein. Von Problemen haben Sie (hoffentlich) nichts erzählt. Bleiben Sie auf jeden Fall gelassen und moderat. Darum geht es hier.

Schlecht geantwortet: *Das weiß ich auch nicht, aber ich denke darüber nach … meinen Sie, ich habe da einen Fehler gemacht …*

Besser: *Aus meiner Sicht war das der richtige Weg, die beste Entscheidung … man kann es vielleicht auch anders sehen … Wissen Sie, Probleme wird es immer geben, es kommt darauf an, wie man damit umgeht, ich für meinen Teil sehe es als nicht so problematisch an …*

- **Sind Sie der Meinung, auf Ihre neue berufliche Aufgabe gut vorbereitet zu sein?**

Hintergrund: Wie stark ist Ihr berufliches Selbstwertgefühl ausgeprägt?

Hinweise: Ohne arrogant und eitel zu wirken, ist hier eine Gelegenheit gegeben, selbstbewusst aufzutreten. Wenn Sie sich selbst die Sache nicht zutrauen, wer denn sonst?

Schlecht geantwortet: *Na so, wie Sie mich fragen, kommen mir jetzt doch echte Zweifel …* Und genauso ungünstig: *Aber absolut, was denken Sie denn!*

Besser: *Ja, mit einer gewissen Einarbeitungszeit kann ich mir gut vorstellen, dass ich die neue Aufgabenstellung erfolgreich bewältige …*

- **Was war bisher Ihr schlimmstes, unangenehmstes (Arbeits-) Erlebnis?**

Hintergrund: Persönlichkeitstest, auf den Zahn fühlen, eventuelle Widersprüche zum Thema bisherige Misserfolge aufdecken.

Hinweise: Aufgepasst – was war Ihre Antwort bei der Frage nach Ihrem größten Misserfolg? Welches Bild geben Sie von sich ab? Lassen Sie Ihre „Leichen im Keller".

Schlecht geantwortet: *Da muss ich Ihnen mal erzählen, wie …*

Besser: *So eine richtige Katastrophe habe ich noch nicht erlebt … unangenehm war mir, als ich einmal etwas vergaß …* (oder sonstiges harmloses „Erzähl-Material", das dann aber immer mit Einsicht endet und damit, dass Sie etwas daraus gelernt haben … Sie sollten dazu unbedingt etwas vorbereitet haben!)

4. Ihr persönlicher, familiärer und sozialer Hintergrund

In dieser Gesprächsphase geht es um drei Bereiche:

- **Wer und wie sind Sie?**
- **Mit wem leben Sie zusammen und wie sind diese Personen?**
- **Wie sieht Ihr erweitertes soziales Umfeld aus?**

Zu Ihrer Person

- **Wir wollen Sie gerne kennenlernen, erzählen Sie etwas über sich. Wie würden Sie sich kurz charakterisieren?**
- **Was würden uns Ihr Vorgesetzter/Ihre Kollegen über Sie berichten?**

Hintergrund: Ein unverstellter Versuch, in die Schränke und Schubladen Ihrer Persönlichkeit zu gucken. Es geht um die zentrale Frage: Passt der Bewerber in unser Unternehmen?

Hinweise: Beginnen Sie bei sogenannten offenen Fragen wie dieser immer erst damit, die berufliche Ebene anzusprechen und später – wenn überhaupt notwendig – die private (s. S. 70).

Schlecht geantwortet: *Wie ich wirklich bin, wenn Sie mich also richtig kennenlernen wollen, finden Sie das am besten heraus, wenn Sie mich einstellen …*

Besser: *Mein (letzter) Chef fand des Öfteren positive Worte dafür, dass … Meine Kollegen schätzen mich dafür, dass ich …, meine Freunde dafür … und meine Familie …*

- **Was sind Ihre Stärken, was Ihre Schwächen?**
- **Was ist Ihr größter Erfolg/Misserfolg (beruflich/privat)?**
- **Was war bisher in Ihrem Leben Ihr schlimmstes Erlebnis?**

Hintergrund: Wie stellen Sie sich bei solchen Fragen an? Wie glaubwürdig wirken Sie? Wie gut sind Sie vorbereitet? Kennen Sie Ihre Stärken und Schwächen (Selbsteinschätzung)? Sind Sie bereit, an Ihren Schwächen zu arbeiten?

Hinweise: Sie sollten mit Gelassenheit sowohl die positiven als auch einige harmlose negative Dinge oder Schwächen, gegen die Sie bereits etwas (Fortbildungen etc.) unternehmen, darstellen.

Wichtig: Nennen Sie einige ausgewählte Stärken, die möglichst gut zu den Anforderungen der Position passen, und belegen Sie sie mit konkreten Beispielen. Bei den Schwächen kommt es auf die professionelle Handhabung der beiden Erzählebenen – der offiziellen und der privaten – an

(s. S. 70). Überlegen Sie genau, welche Offenheit Sie sich bei Schwächen und Misserfolgen leisten können. Vielleicht sind Sie noch immer mit Ihren Spanischkenntnissen unzufrieden, obwohl Sie häufig in Spanien Urlaub machen. Fügen Sie hinzu, dass Sie vorhaben, Ihre Kenntnisse durch einen Sprachkurs zu erweitern oder, noch besser, bereits mit dem Kurs begonnen haben. Durch diese Antwortstrategie haben Sie von der offiziellen auf die eher private Ebene gewechselt. So weichen Sie der Frage aus. Wenn Ihr Gegenüber sich damit nicht zufrieden gibt und konkret nach berufsrelevanten Schwächen fragt, sollten Sie einen Mittelweg finden zwischen positiver Selbstdarstellung und reflektierter Selbstkritik. Führen Sie z. B. an, dass Sie eine Anforderung aus der Stellenanzeige nicht voll erfüllen (natürlich sollte sie nicht zu den wichtigsten Anforderungen gehören!), aber gerne bereit sind, daran etwas zu ändern. Oder Sie führen ein Defizit an, das sich ohnehin an Ihren Zeugnissen oder an Ihrem beruflichen Werdegang ablesen lässt, z. B. bei einem jungen Bewerber: „Ich habe erst zwei Jahre Berufserfahrung, zeige aber eine hohe Lernbereitschaft und Motivation – das lässt sich z. B. erkennen an …"

Wichtig ist, dass Sie sich nicht durch die Frage verunsichern lassen, glaubwürdig wirken, sich Ihrer Stärken bewusst sind und zeigen, dass Sie lösungsorientiert mit Ihren Schwächen umgehen.

Schlecht geantwortet: *Meine Schwächen, Misserfolge, dazu kann/will ich nichts sagen …*

Besser: *Zu meinen Stärken zähle ich 1. …, 2. …, 3. … Vorgesetzte, Kollegen und Kunden schätzen an mir, so wurde mir berichtet …* (s. auch vorherige Antwort). *Zu meinen Schwächen: „Wenn ich vor einer größeren Gruppe einen Vortrag halten soll, werde ich leicht nervös, aber ich besuche jetzt ein Seminar zum Thema Rhetorik und Präsentationen und habe dadurch schon mehr Sicherheit gewonnen."*

- **Was schätzen Sie an anderen, was nicht (Arbeitskollegen, Vorgesetzte, Freunde, Bekannte)?**
- **Haben Sie (Leit-)Vorbilder?**

Hintergrund: Man möchte mehr zu Ihrer Persönlichkeit erfahren. (s. a. Frage: Haben Sie Personen kennengelernt, die für Sie Vorbildcharakter hatten?, S. 45).

Schlecht geantwortet: *Mein Leitbild sind meine Eltern …* (geht höchstens bis zu einem Alter von 14 Jahren, und schon da wäre es etwas auffällig). *An anderen schätze ich, wie raffiniert sie lügen können, da muss ich noch viel üben …*

Besser: *Ich bewundere z. B. die Kompetenz meines Kollegen XY und die Ruhe und Gelassenheit der Kollegin YZ, auch die gerechte und faire Art meines (ehemaligen) Vorgesetzten, er hat meinen Respekt und meine Bewunderung …*

- **Warum sollten wir gerade Sie einstellen?**

Hintergrund: Ein fundamentaler Test Ihres Selbstbewusstseins und Selbstvertrauens. Sind Sie in der Lage, die für Sie sprechenden Eigenschaften und Fähigkeiten klar zusammenzufassen?

Hinweise: Obwohl diese Frage zu den absoluten Standardfragen gehört, trifft sie viele Bewerber völlig überraschend und unvorbereitet. Also: Bereiten Sie sich vor, aber bitte halten Sie keinen 20-minütigen Monolog (Vorschlag: Argument 1. …, 2. …, 3. …; s. auch Frage zu den Stärken S. 48 f.).

Schlecht geantwortet: *Na, das sollten Sie schon selber herausfinden/beurteilen, da kann ich nicht viel zu sagen …*

Besser: *Aus meiner Sicht spricht für mich: 1. …, 2. …, 3. …*

TIPP

Stecken Sie vor dem Vorstellungsgespräch den Rahmen ab, was und wie Sie etwas über sich aussagen oder erzählen wollen. Dazu gehört in erster Linie Berufliches, aber auch ein gewisses Maß an Privatem. So können Sie in jeder Gesprächssituation gelassen bleiben und aktiv entscheiden, ob Sie auf der beruflichen oder der privaten Ebene antworten wollen.

- **Wir wollen Sie als Menschen kennenlernen. Was machen Sie neben Ihrem beruflichen Engagement?**
- **Welche Interessen, welche Hobbys haben Sie?**

Hintergrund: Kennenlernen des Interessenspektrums, der Besonderheiten, Hobbys, kulturellen Aktivitäten und Interessen. Denken Sie auch an körperliche Fitness.

Hinweise: Die Beantwortung sollten Sie nicht dem Zufall überlassen. Bedenken Sie: Zu viel Sport ist leider wegen der begrenzten Freizeit nicht möglich, aber zu Ihrem Körper haben Sie natürlich ein gesundes Verhältnis. Vorsicht bei der Erwähnung von Risikosportarten wie z. B. Drachenfliegen.

Schlecht geantwortet: *Mein Herz schlägt für … also eine richtige Leidenschaft von mir, wobei ich alle Zeit der Welt vergessen kann … am liebsten würde ich das den ganzen Tag/einen Beruf daraus machen …, aber leider … man muss ja noch Geld verdienen/arbeiten gehen …*

Besser: *Ich tanke am besten auf und gewinne neue Kräfte und Ideen dadurch, dass ich Sport mache/mich dieser oder jener Sache widme und dabei entspanne.*

- **Was bedeutet Teamarbeit für Sie?**

Hintergrund: Sind Sie lieber Einzelkämpfer oder Gruppenmensch?

Hinweise: Was wäre wohl bei der angestrebten Aufgabe eher gewünscht? Heutzutage werden insbesondere teamfähige Leute gesucht – auch wenn man dann später in der Realität auch oft auf sich alleine gestellt ist.

Schlecht geantwortet: *Ich halte gar nichts davon.* Oder: *Das ist die einzige Art, sinnvoll zu arbeiten.*

Besser: *Es kommt darauf an, in vielen Dingen kann ein gutes Team sehr viel mehr schaffen als jeder für sich allein … Solche Teams habe ich schon kennengelernt und bin selbst in solchen gewesen …* (Jetzt müssen Sie aber auch auf Nachfragen etwas erzählen können.)

- **Mit welchen Menschen arbeiten Sie gern/ungern zusammen?**
- **Hatten Sie schon mal Schwierigkeiten mit Kollegen/Vorgesetzten? Wenn ja: Warum? Wie sind Sie damit umgegangen? Welche Konsequenzen haben Sie daraus gezogen?**

Hintergrund: Wie steht es um Ihre Fähigkeit, Konflikte zu lösen, bzw. wie konfliktbereit sind Sie? Inwieweit können Sie sich anpassen oder haben Schwierigkeiten mit anderen?

Hinweise: Wenn es Ihnen bei diesen Fragen die Sprache verschlägt, spricht das gegen Sie. Jeder Mensch bevorzugt bestimmte Arbeitspartner und hat schon mal Schwierigkeiten mit anderen gehabt. Nur gerade jetzt müssen Sie wissen, was Sie darüber preisgeben wollen und auf welche Weise.

Schlecht geantwortet: *Ob ich schon mal Ärger hatte, na und ob … Mein Vorgesetzter war aber auch ein sehr schwieriger Mensch …*

Besser: *Das gibt es wohl überall, meistens klappt die Zusammenarbeit, aber manchmal auch nicht. Ärger, so richtigen, nein … das haben wir immer gemeinsam auflösen können …*

- **Worüber können Sie sich so richtig ärgern?**
- **Was macht Sie wütend?**
- **Was bereitet Ihnen Sorgen?**

Hintergrund: Wie gehen Sie mit diesen Fragen um, kann man Sie damit ärgern oder verängstigen? Hinweise: Weichen Sie in diesem Teil eines Stressinterviews aus! Zum Beispiel auf Unverfängliches (und damit eher auf die private Ebene) wie die letzte Heimniederlage Ihres Lieblingsfußballclubs, Stau auf den Straßen, den lauten Nachbarn usw. Ärger- wie Sorgen-Themen müssen Sie geschickt umschiffen.

Schlecht geantwortet: *Nichts. Oder: Haben Sie wirklich so viel Zeit, dass ich jetzt mal ausholen darf …*

Besser: *Da gibt es immer etwas, worüber man sich so richtig aufregen könnte, jedoch ich frage mich oft, lohnt es sich, und überlege dann und nehme diese Energie lieber dafür, etwas zu verändern … Zum Beispiel neulich in unserem Verein …* (hier zunächst eher etwas Harmloses auf der privaten Ebene anbieten).

- **Wie gehen Sie mit Kritik um?**

Hintergrund: Wieder eine Persönlichkeitstestfrage.

Hinweise: Es kommt sicherlich immer darauf an, wer Sie wann, wie und weshalb kritisiert. Kritik bringt Sie nicht um, aber vielleicht weiter.

Schlecht geantwortet: *Kritik, an mir … wieso? Können Sie mir das mal erklären, wie kommen Sie darauf … was wollen Sie mir damit eigentlich sagen/vorwerfen …* oder *Ich bin stets offen für Kritik …*

Besser: *Wenn ich die Kritik nachvollziehen kann, bin ich vielleicht nicht froh darüber, aber kann es doch verstehen und einsehen … und vor allem daraus lernen …*

- **Angenommen, Zeit und Geld spielten überhaupt keine Rolle: Wie würden Sie Ihr Leben gestalten?**

Hintergrund: Eine weitere psychologische Ausleuchtung Ihrer Persönlichkeit!

Hinweise: Bleiben Sie auf dem Boden und zeigen Sie sich zufrieden mit dem, was Sie ohnehin schon haben!

Schlecht geantwortet: *Oh, ich würde sofort kündigen und mich auf die Bahamas absetzen …*

Besser: *Kann ich mir nur sehr schwer vorstellen, ich glaube, ich würde gar nicht so viel ändern wollen, ich mag das, was ich tue … und bin eigentlich recht glücklich …*

Zu Ihrer Familie

- **Wie sieht Ihre aktuelle Lebenssituation aus?**

Hintergrund: Mit wem leben Sie zusammen? Sind Sie Single? Haben Sie einen Lebens- oder Ehepartner?

Hinweise: Verliebt, verlobt, verheiratet? Alles Themen, die den Arbeitgeber eigentlich absolut nichts angehen.

Schlecht geantwortet: *Besuchen Sie mich doch mal zu Hause, ich stelle Ihnen dann meine Familie gerne vor… Worauf wollen Sie eigentlich hinaus?*

Besser: *Ich bin glücklich liiert/verheiratet… wir haben zwei Kinder, einen Hund…*

- **Stellen Sie uns bitte Ihre Familie vor. (Gegenfrage: Welche? Meine Ursprungsfamilie oder meine jetzige?)**

Hintergrund: Informationsbedürfnis über den Bewerber und das soziale Umfeld, das ihn umgibt und aus dem er kommt.

Hinweise: Gehen Sie nicht zu sehr ins Detail, Sie müssen sich nicht rechtfertigen…

Schlecht geantwortet: *Also, da ist meine 96-jährige Mutter, die lebt mit uns, und der Sohn meiner Lebensgefährtin hat seine Freundin bei uns einfach einquartiert, die ist ja so was von…*

Besser: *Meine Partnerin/Frau/mein Partner/Mann… macht das und das, die Kinder gehen zur Schule… meine Katze/mein Hund freut sich immer, wenn ich nach Hause komme* (denken Sie sich was Nettes, aber auch Unauffälliges aus, bloß keine Probleme erkennen lassen…)

- **Was macht Ihre Frau/Ihr Mann so beruflich und wo?**

Hintergrund: Abchecken der sozialen Verhältnisse. Devise: Zeige mir deinen Partner und ich weiß ein bisschen mehr, wer und wie du bist.

Hinweise: Seien Sie sich darüber im Klaren, dass Sie eine relativ konfliktfreie, problemlose, heile Welt präsentieren müssen.

Schlecht geantwortet: *Warum interessiert Sie das… was geht denn Sie das an… mein Freund sitzt im Gefängnis…*

Besser: *Mein Partner geht voll und ganz in seinem Beruf auf, ist sehr zufrieden/erfolgreich… hat immer Verständnis für meine beruflichen Pläne und unterstützt mich…*

- **Was sagt Ihr Lebenspartner/Ihre Familie zu Ihren Plänen (Probleme? Evtl. Umzug, Arbeitszeiten etc.)?**

Hintergrund: Werden Sie unterstützt? Ist Ihr Lebenspartner mit Ihren Plänen einverstanden oder gibt es da Schwierigkeiten?

Hinweise: Wer hier nicht überzeugend positiv auftritt oder gar zugeben muss, noch nichts besprochen zu haben, könnte einen negativen Eindruck schaffen.

Schlecht geantwortet: *Na, der ist nicht so glücklich …*

Besser: *Ich werde voll und ganz unterstützt, alle stehen hinter mir …*

Zu Ihrem sozialen Hintergrund

- **Gibt es etwas, wofür Sie sich besonders engagieren?**

Hintergrund: Wie sieht es mit politischem oder sozialem Engagement aus (Parteien, Gewerkschaften, Bürgerinitiativen, Kirche, Vereine, soziale Institutionen)?

Hinweise: Machen Sie sich bewusst, welches Bild Sie von sich entwerfen, wenn Sie sich zu dem einen oder anderen sozialen Engagement bekennen.

Schlecht geantwortet: *Das geht Sie gar nichts an … ich schaue immer Fernsehen … bin aktiv in der Gewerkschaft … haha, nur ein kleiner Scherz … da haben Sie aber eben geguckt …*

Besser: *Natürlich, meine Familie/Partner/-in, die Kinder … ich bin aktiv im Sport-/Gesangs-Verein, spiele ein Instrument/Schach …*

- **Mit welchen Menschen sind Sie gerne zusammen, und was verbindet Sie mit diesen?**

Hintergrund: „Zeige mir deine Freunde und ich sage dir, wer du bist" – Informationen über Dritte sind Informationen über Sie selbst.

Hinweise: Wie sehen Ihre sozialen, zwischenmenschlichen Beziehungen aus? (Natürlich harmonisch!)

Schlecht geantwortet: *Was soll ich Ihnen da sagen, was/wie genau wollen Sie es eigentlich wissen, ich habe eigentlich seit dem Umzug keine wirklichen Freunde mehr …*

Besser: *Ach, da gibt es eine ganze Menge netter Menschen, die ich kenne, also angefangen bei unserer/meiner Familie, die Nachbarn, Freunde, ehemalige Kollegen …*

5. Fragen zu Ihrem Gesundheitszustand

- **Waren Sie schon mal ernstlich erkrankt? Gibt es gesundheitliche Einschränkungen mit beruflichen Auswirkungen? Krankenhausaufenthalte, Unfälle, Allergien?**

Hintergrund: Wie steht es um Ihre gesundheitliche Leistungsfähigkeit?

Hinweise: Lassen Sie keine Zweifel daran aufkommen, dass es bei Ihnen keine berufsrelevanten Beeinträchtigungen gibt (s. auch „Ihr Recht auf Notlüge", S. 75).

Schlecht geantwortet: *Wissen Sie, neulich, da hatte ich so ein Reißen in der Schulter, da hat meine Frau gesagt, geh doch wieder mal zu Doktor …*

Besser: *Lassen Sie mich überlegen, also nein, Unfälle nein, ernsthafte Erkrankungen nein, Allergien, alles nichts …*

- **Waren Sie im letzten Jahr mehr als zweimal beim Arzt? Wer ist Ihr Hausarzt?**

Hintergrund: Fangfragen zur Überprüfung des Gesundheitszustandes im Hinblick auf zukünftig befürchtete Fehlzeiten.

Hinweise: Achtung, aufgepasst – nicht verplappern. Das sind Rhetoriktricks, auf die man leicht hereinfallen kann.

Schlecht geantwortet: *Lassen Sie mich mal rechnen …. also bei Herrn Dr. Heinze, da waren wir dreimal, nein vier … und dann noch der Doktor, äh, wie hieß der bloß, von dem ich ins Krankenhaus eingewiesen wurde …*

Besser: *Wissen Sie, in diesem Jahr, nein, noch nicht, und im letzten Jahr, ich kann mich nicht erinnern … wir haben wohl einen Arzt, aber da muss ich mal meine Frau/meinen Mann fragen …*

6. Überprüfung Ihrer beruflichen Kompetenz und Eignung

- **Was haben Sie in dieser und in jener Firma gemacht, wie und warum?**

Hintergrund: Nochmalige Überprüfung dessen, was Sie vielleicht vorher schon gesagt haben, jetzt ins Detail gehend. Man achtet darauf, ob Sie sich widersprechen.

Hinweise: Sie haben sich gut vorbereitet und können fließend und begeistert von Ihrer Arbeit erzählen. Falls man Sie daraufhin fragt, warum Sie eigentlich wechseln wollen/gewechselt haben, wissen Sie auch zu antworten. Achtung, keine Widersprüche zu vorhergehenden Antworten.

Schlecht geantwortet: *Da muss ich mal nachdenken …*

Besser: *Nun, bei XY war das so … ich habe … meine Aufgabe bestand darin …*

- **Wie gut kennen Sie sich in unserer Branche, in unserem Metier aus?**
- **Wie schätzen Sie die aktuelle (zukünftige) Marktsituation ein?**

Hintergrund: Wie ist Ihr aktueller Wissensstand? Können Sie kompetent mitreden, einschätzen, beurteilen?

Hinweise: Es gilt das schon mehrfach zum Thema Vorbereitung Gesagte. Sollten Sie bei einer Frage trotz guter Vorbereitung nicht genug Hintergrundwissen haben, bekennen Sie sich dazu. Es macht Sie nicht unsympathisch, wenn Sie in Maßen Kenntnislücken zugeben.

Schlecht geantwortet: *Da fragen Sie jetzt aber den Falschen … sehr negativ, wenn Sie meine ehrliche Meinung hören wollen … gar nicht gut …*

Besser: *Nun, ich bin optimistisch, ich schätze die Situation so und so ein …*

TIPP

Auch die Art und Weise Ihres „Vortrages“ wird mitbewertet. Die Wahrnehmung und Beurteilung einer Person wird zu mehr als 55 % durch den äußeren Eindruck geprägt (Kleidung und Körpersprache), zu über 30 % durch die Art und Weise, wie Sie etwas sagen (Mimik, Gestik und Sprechweise), und zu weniger als 10 % durch das inhaltlich Gesagte.

- **Kennen Sie … (dieses Verfahren, die Person, die Diskussion um etc.)?**
- **Wie ist Ihre Meinung zu …?**
- **Wie beurteilen Sie …?**
- **Was würden Sie machen, wenn …?**

Hintergrund: Test von Informationsstand und Fachwissen bis hin zur Aufforderung, spontan im Gespräch eine „Miniarbeitsprobe" abzulegen.

Hinweise: Geben Sie ruhig zu, wenn Sie etwas nicht wissen. Das wirkt authentischer, als wenn Sie wild drauflos fantasieren.

Schlecht geantwortet: *Ähhh, nein, das sagt mir überhaupt nichts, was wollen Sie wissen?*

Besser: *Ich denke/schätze das so ein …, natürlich kann ich mich irren, da ich nicht den ganzen Überblick habe …, aber aus meiner Sicht spricht einiges dafür, dass …*

- **Auf welchem Gebiet lag Ihr Ausbildungsschwerpunkt und wie kam es dazu?**
- **Was würden Sie als Ihren aktuellen Arbeitsschwerpunkt bezeichnen?**
- **Können Sie uns einmal kurz die Ergebnisse Ihrer Arbeit darstellen?**

Hintergrund: Wie kompetent können Sie sich und Ihr Arbeitsgebiet, Ihre Arbeitsleistungen und Ergebnisse darstellen?

Hinweise: Fragen nach Ihrer Ausbildung und der Einstiegsposition sollen Ihre Identifikation mit Ihrem Beruf/Ihrer Tätigkeit überprüfen. Beim gestandenen Praktiker ist vor allem die Verbindung von Vergangenheit und Gegenwart (wie kam ich dazu?) von Bedeutung.

Schlecht geantwortet: *Ich verstehe Ihre Frage nicht. Was wollen Sie von mir hören?*

Besser: *Mein jetziger Arbeitsschwerpunkt liegt da und da … Das kam so … und seitdem ich es so und so mache, hat sich dies und das positiv entwickelt …*

- **Was würden Sie machen, wenn …? (Pleiten, Pech und Pannen, Unglücksfälle, Katastrophen, Weltuntergänge, beruflicher, aber auch privater Natur, alles ist hier vorstellbar …)**

Hintergrund: Wie reagieren Sie auf Probleme/Herausforderungen, die Ihnen so vorgestellt/zugemutet werden? Verschlägt es Ihnen die Sprache, verlassen Sie – schweigend oder unter Protest – den Raum, dozieren Sie wie ein Professor oder stellen Sie sich als Besserwisser und Oberlehrer dar? Reagieren Sie mit Angst und Überforderung oder können Sie glaubhaft aufzeigen, sich mit dem Problem auseinandersetzen zu können und um eine gute Lösung bemüht zu sein?

Hinweise: Überrascht dürfen Sie sein, sprachlos bis ängstlich oder gar mürrisch bis ärgerlich bitte nicht. Ansonsten fallen Sie durch den „Test", den man Ihnen zumutet, um Ihr zukünftiges Verhalten besser abschätzen zu können.

Schlecht geantwortet: *Na, Sie stellen ja vielleicht Fragen … wo haben Sie das bloß gelernt?*

Besser: *Nun, das ist in der Tat eine besondere Situation/Problematik/Herausforderung, da kommt es darauf an, dass man gut nachdenkt/besonnen reagiert/etc.* Oder: *Lassen Sie mich bitte einmal nachdenken … Habe ich Sie richtig verstanden … jetzt fällt mir noch ein …*

- **Können Sie uns noch einmal verdeutlichen: Was spricht für und was gegen Sie?**
- **Warum sollten wir gerade Sie einstellen?**

Hintergrund: Abermals ein Test zur Selbsteinschätzung und -darstellung.

Hinweise: Eine Kurzzusammenfassung der Argumente, die für Sie sprechen. An Argumenten gegen Sie fällt Ihnen höchstens eins, maximal anderthalb ein. Natürlich nur etwas Harmloses, was jeder potenzielle Arbeitgeber leicht entkräften könnte. Sie brechen doch nicht selbst den Stab über sich.

Schlecht geantwortet: *Wenn Sie es nach diesem Gespräch noch nicht wissen, kann ich es nicht ändern … Habe ich Sie etwa nicht überzeugt …*

Besser: *Nun, das sind erstens …, zweitens …, drittens … und jetzt fällt mir noch ein …*

- **Was machen Sie, wenn Sie den Arbeitsplatz bei uns nicht bekommen, wenn wir uns für einen anderen Bewerber entscheiden?**

Hintergrund: Wie gehen Sie mit Frust um und inwieweit zeigen Sie das, lassen so etwas raus?

Hinweise: Weder sind Sie völlig zerknirscht, am Boden zerstört, noch heilfroh und glücklich, wenn Ihnen dieser Job erspart bliebe. Bringen Sie zum Ausdruck, dass Sie eine Entscheidung gegen Sie als Kandidaten bedauern, aber akzeptieren würden. Sie sind beruflich gut verankert und keinesfalls auf den neuen Arbeitsplatz angewiesen.

Schlecht geantwortet: *Dann bringe ich mich/Sie um … war nur ein Scherz …*

Besser: *Das fände ich schon sehr schade, ich würde mich fragen, was dafür den Ausschlag gegeben hat und ob ich etwas verbessern könnte …*

- **Erinnern Sie sich an eine besondere berufliche Herausforderung … Was war es und wie sind Sie damit umgegangen? Was haben Sie gelernt und was würden Sie heute anders machen?**

Hintergrund: Was erzählen Sie, was geben Sie preis? Zeigen Sie ein planerisches, wohlüberlegtes Vorgehen und Handeln bei der Bewältigung von besonderen Aufgaben? Können Sie aus Erfahrungen lernen und haben Sie eine gewisse selbstkritische Distanz zu Ihrer damaligen Entscheidung? Was fällt Ihnen jetzt selbst dazu ein und auf?

Hinweise: Wen diese Frage unvorbereitet trifft, hat es kaum in der Hand, sich gut zu präsentieren. Hier kommt es nicht auf eine Heldensaga an, aber Ihr persönliches, berufliches Waterloo müssen Sie jetzt auch nicht beichten. Wichtig: anschaulich berichten, selbstkritisch erkennen, was Sie hätten besser machen müssen und natürlich heute auch tun, denn Sie haben gelernt …

Schlecht geantwortet: *Da fällt mir jetzt aber rein gar nichts ein … gab es nicht! Ja, doch, von einer Katastrophe muss ich Ihnen erzählen …*

Besser: *Lassen Sie mich einmal überlegen … Vor einer besonderen Herausforderung stand ich, als … Im Nachhinein betrachtet …*

7. Informationen für Sie als Bewerber

Früher oder später kommt der Moment: Ihr Interviewpartner will Sie ausführlich über die Firma, den möglichen Arbeitsplatz und die Aufgaben informieren. Das ist eine wichtige Gesprächsphase, in der es vor allem auf Ihre demonstrative Zuhörfähigkeit ankommt.

Hintergrund: Selbstdarstellungslust und Imagepflege auf Arbeitgeberseite.

Hinweise: Hören Sie aufmerksam zu, unterbrechen Sie nicht leichtfertig, fragen Sie nach und eröffnen Sie Ihrem Gegenüber auf diese Weise neue Selbstdarstellungsfelder. So sammeln Sie Sympathiepunkte!

Schlecht geantwortet: *Das weiß ich alles schon …*

Besser: *Das ist ja sehr interessant … ach wirklich, hätte ich jetzt nicht gedacht, sehr schön …*

8. Zu möglichen Arbeits- und Vertragskonditionen

Dieser Abschnitt umfasst die Besprechung verschiedener Aspekte, die sowohl Rahmen- als auch inhaltliche Bedingungen des Arbeitsplatzes betreffen, z. B. Aufgabengebiet, Arbeitszeit, Probezeit, Kündigungsfristen, Kompetenzen und Vollmachten, Urlaubsregelung, Bezahlung, sonstige Abmachungen wie z. B. Altersversorgung, Umzugskosten etc. Detailliert verhandelt werden diese Aspekte jedoch erst, wenn Sie in die engere Wahl gekommen sind (s. auch S. 93).

Zur Vorbereitung auf das Bewerbungsverfahren gehört unbedingt eine Marktanalyse unter dem Aspekt „Was wird wo gezahlt – was ist meine Arbeitsleistung wert?". Informationen dazu erhalten Sie im Internet unter der Eingabe von Suchworten wie Gehaltsvergleich, Gehaltscheck, Gehaltsreport, Gehaltsumfrage u. Ä. Sie finden aber auch bei Berufs- und Interessenverbänden, Gewerkschaften und in Wirtschaftszeitungen bzw. -zeitschriften (z. B. *Capital, Wirtschaftswoche, Handelsblatt*), was in den verschiedenen Branchen und Positionen verdient wird.

9. Ihre Fragen an das Unternehmen

An intelligenten Fragen erkennt man den motivierten und kompetenten Bewerber. Sollten Sie durch Fragen auffallen, die Sie im Vorfeld hätten klären können oder deren Beantwortung Sie durch aufmerksames Zuhören an einer anderen Stelle des Gesprächs längst hätten speichern müssen, erzielen Sie einen negativen Effekt. Wer zuerst nach der Pausenregelung und seinem Urlaub fragt, ist für sein Image selbst verantwortlich.

TIPP

Notieren Sie sich vorab zu Hause in Ruhe Ihre Fragen und ziehen Sie diesen Zettel im Vorstellungsgespräch zurate. Das ist erlaubt und wirkt professionell und gut vorbereitet!

Sinnvolle Fragen können sich auf folgende Aspekte beziehen:

- **Aufgabengebiet**
- **Zuständigkeit**
- **Verantwortung**
- **Kooperationspartner**
- **evtl. auch schon die Bezahlung**

Mit klugen, sinnvollen Fragen, die Sie sich vorher schon überlegt haben, können Sie die Auswähler beeindrucken. Unsere Vorlage hilft Ihnen, noch weitere Fragethemen zu finden. Viele Bewerber vernachlässigen diesen Aspekt. Sie sollten sich stattdessen ein paar gute Fragen an Ihr Gegenüber überlegen. Hier ein paar Beispiele:

- **Wer hat diese Aufgabe bisher wahrgenommen?**
- **Mit welchem Erfolg, was gab es für Probleme?**
- **Warum ist der Arbeitsplatz frei geworden?**
- **Was macht der ehemalige Stelleninhaber jetzt?**
- **Haben Sie eine detaillierte Stellenbeschreibung, darf ich die sehen, mitnehmen?**
- **Mit welchen Personen und Abteilungen werde ich zusammenarbeiten?**
- **Welche speziellen Erwartungen haben Sie an den neuen Stelleninhaber?**
- **Was meinen Sie, sollte dieser als Erstes tun, was ist das Wichtigste?**
- **Ist die Möglichkeit gegeben, die neuen Kolleginnen und Kollegen, mit denen ich zusammenarbeiten würde, vorab kennenzulernen?**
- **Wie ist die Einarbeitungsphase geplant? (Ansprechpartner, Programm, auch: wo, wie lange?)**
- **Welche späteren Entwicklungsmöglichkeiten gibt es für mich von dieser Position aus?**
- **Welche Fort- und Weiterbildungsangebote gibt es in Ihrem Unternehmen?**
- **Welche aktuellen Vorhaben stehen in Ihrem Hause für die nahe Zukunft an?**
- **Wie würden Sie den Führungs- und Umgangsstil in Ihrem Haus charakterisieren?**

10. Der Abschluss des Gesprächs und Ihre Verabschiedung

Überblick

Die gelungene Abschlussphase Ihres Vorstellungsgesprächs

In der Abschlussphase des Gesprächs geht es um den Versuch eines angenehmen „Abgangs" – von der Arbeitgeberseite wird diese Phase natürlich auch unter dem Aspekt der Imagepflege für das Unternehmen/die Institution genutzt. Man wird sich bei Ihnen für den Besuch, die Bewerbung und das gezeigte Interesse bedanken. Das sollten Sie dann ebenfalls tun.

Wichtig ist nun eine Klärung, wie es weitergeht, wer voraussichtlich wann zu einer Entscheidung gelangt. Dies muss jedoch Ihrerseits ohne Bedrängung, Ungeduld, Selbstzweifel oder gar Verzweiflung vorgetragen werden.

Eine mögliche Frage wäre also: „Was meinen Sie, wie sollten wir verbleiben? Soll ich Sie anrufen – sagen wir in einer Woche – oder melden Sie sich, bekomme ich Nachricht von Ihnen?"

Noch ein Hinweis: Keep smiling. Beim Rausgehen vor der Bürotür auf jeden Fall die Contenance bewahren. Die Tür nicht zuknallen, nicht erleichtert aufatmen (und wenn, nur ganz leise), keine Flüche, gegen wen auch immer ausstoßen, weiterhin aufrecht angemessenen Schrittes gehen …

Spezialfragen an Arbeitsuchende

Sollten Sie sich aus der Arbeitslosigkeit heraus bewerben, erwarten Sie einige besondere Fragen. Bereiten Sie sich gut darauf vor.

- **Wie kam es zu der Arbeitslosigkeit?**

Hintergrund: Welche Verantwortung tragen Sie für Ihre Arbeitslosigkeit? Haben Sie mehr oder weniger daran Schuld? Was ist mit Ihnen los?

Hinweise: Bleiben Sie bei diesen Fragen gelassen, auch wenn es schwerfällt. Seien Sie auf Fragen dieser Art vorbereitet und überzeugen Sie durch eine glaubwürdig und plausibel klingende Argumentation. Bloß keine Schuldzuweisungen oder Gejammer …

Schlecht geantwortet: *Ich weiß nicht, womit ich das verdient habe, aber mein Chef/Vorgesetzter/die Kollegen hat/haben mich verraten/im Stich gelassen … total ungerecht, das ging nicht mit rechten Dingen zu …*

Besser: *Das Unternehmen war in Schwierigkeiten … eine Umstrukturierung hatte zum Ergebnis, dass unter anderem auch mein Arbeitsgebiet aufgegeben wurde … auf meine Mitarbeit verzichtet werden musste … ich habe eine angemessene Abfindung bekommen … habe für mich entschieden, so lieber nicht weiterarbeiten zu wollen … bin das Risiko eingegangen …*

- **Wie lange dauert diese Arbeitslosigkeit bereits an?**
- **Wie oft haben Sie sich schon erfolglos beworben und wie erklären Sie sich das?**

Hintergrund: Schwachstellen finden, überprüfen, wie engagiert der Kandidat ist.

Hinweise: Siehe vorherige Frage/Hinweise. Einerseits gilt es zu zeigen, dass Sie sich aktiv um einen neuen Arbeitsplatz bemüht haben, andererseits sind 100 Ablehnungen keine Empfehlung. Finden Sie das für Sie und Ihren Interviewpartner richtige Maß – etwa auch so: Einige Bewerbungen laufen noch, die Ergebnisse stehen noch aus.

Schlecht geantwortet: *Gefühlte 100 Jahre … Lassen Sie mich mal etwas genauer nachrechnen, 97-mal, nein 98-, also noch nicht ganz 100-mal habe ich mich bisher beworben …*

Besser: *Schon einige Male, aber meine Bewerbung bei Ihnen ist mir am wichtigsten …*

- **Was haben Sie zwischenzeitlich gemacht?**

Hintergrund: Was für ein Mensch sind Sie (aktiv/ruhig)? Haben Sie etwas unternommen (Bewerbungen) und/oder sich fortgebildet?

Hinweise: Wer von langem Ausschlafen, Urlaub und Wohnungsrenovierung erzählt, hat keine Chancen. Berichte von Aushilfsjobs bis Schwarzarbeit werden je nach Gesprächspartner und Temperament Ihr Image und damit Ihre Chancen für den Arbeitsplatz beeinflussen. Berichte über Fortbildungsmaßnahmen kommen auf jeden Fall gut an (z. B. Volkshochschulkurse).

Schlecht geantwortet: *Nun, anfangs habe ich erst mal die ganze Wohnung renoviert und dann noch bei meinem Nachbarn geholfen … Ich bin spät aufgestanden, weil ich abends nicht früh ins Bett gehen konnte, Schlafstörungen …*

Besser: *Um mich weiterzubilden, habe ich …* (wenigstens: die Fachpresse gelesen, Messen o. Ä. besucht, mich mit ehemaligen Kollegen regelmäßig getroffen, um auf dem Laufenden zu bleiben, viel im Internet recherchiert …, den Markt beobachtet …).

- **Sind Sie förderungsberechtigt durch die Arbeitsagentur?**

Hintergrund: Zahlt die Arbeitsagentur dem Arbeitgeber Geld für Sie? Lohnt sich für den Arbeitgeber das „Experiment“, Sie einzustellen?

Hinweise: Informieren Sie sich bei der Arbeitsagentur.

Schlecht geantwortet: *Da fragen Sie den Falschen, woher soll ich denn das wissen …*

Besser: *Ich habe darüber bereits mit meiner zuständigen Sachbearbeiterin gesprochen …*

- **Trauen Sie sich die Aufgabe wirklich zu?**

Hintergrund: Wie ist Ihr Selbstwertgefühl, Ihr Selbstbewusstsein trotz Ihrer schwierigen Situation?

Hinweise: Verdeutlichen Sie, warum Sie sich die gestellten Aufgaben zutrauen können, ohne überheblich zu wirken. Bleiben Sie, obwohl es Ihnen sicherlich schwerfällt, (wenigstens) äußerlich ruhig und gelassen (und natürlich höflich).

Schlecht geantwortet: *Wenn Sie mich so fragen, was soll ich da sagen …*

Besser: *Ein klares Ja von meiner Seite; wenn Sie sich für mich entscheiden, werden Sie sehen, dass ich engagiert die Leistungen erbringe, die Sie sich wünschen …*

Spezialfragen an Frauen

Auch bei Ihnen stehen die Themen Motivation, Kompetenz und Persönlichkeit ganz deutlich im Vordergrund. Die entsprechenden Fragen haben wir Ihnen bereits vorgestellt. „Was wollen, was können Sie, und trauen Sie sich diese Aufgabe wirklich zu" ist der möglicherweise skeptische Tenor, der hier vorherrscht. „Warum sollten wir uns gerade für Sie entscheide?" ist die Frage, die nochmals Gelegenheit gibt, Ihre überzeugende Argumentation vorzutragen. Spätestens mit der Frage „Was sagt denn Ihre Familie (Partner/Kinder) dazu?" wird die spezifische „Frauenfragerunde" eingeläutet.

- **Erzählen Sie etwas über Ihre aktuelle Lebenssituation.**
- **Wie sind Ihre Kinder versorgt, während Sie arbeiten?**
- **Wie sieht Ihre Familienplanung aus?**

Hintergrund: Kann man mit Ihnen planen; wie oft werden Sie ausfallen? Wie souverän gehen Sie mit diesen Fragestellungen um?

Hinweise: Besonders Frauen werden im Vorstellungsgespräch häufig mit unzulässigen Fragen konfrontiert. Schwangerschaft, Partnerbeziehung und Familienleben gehen den Arbeitgeber nichts an (s. dazu S. 75)! Daher: Bleiben Sie ruhig, lassen Sie sich nicht provozieren und greifen Sie, falls es die Situation erfordert, lieber zu einer Notlüge.

Schlecht geantwortet: *Ich lebe für meine Familie, die kommt zuerst und wird bestens von mir versorgt, insbesondere meine Kinder, und vielleicht werden es bald noch mehr …*

Besser: *Ich habe bei meinen Kindern enorme Unterstützung durch … (meinen Mann, die Großeltern, weitere Familienangehörige/Verwandte, Nachbarn etc.). Meine Kinder sind bestens versorgt, darum kümmern sich unter anderem … Meine Kinder sind aus dem betreuungsintensiven Alter heraus, sehr selbstständig …*

- **Wollen Sie sich wirklich beruflich engagieren oder …?**

Hintergrund: Wie ist Ihre Motivation für diesen Job?

Hinweise: Sagen Sie ganz sachlich, wie es ist: Sie wollen vorankommen, sich im Beruf verwirklichen und Geld verdienen.

Schlecht geantwortet: *Ich verstehe Ihre Frage nicht … Worauf wollen Sie hinaus, glauben Sie, ich scherze hier mit Ihnen …*

Besser: *Mir ist diese Bewerbung sehr ernst … ich möchte gern meine beruflichen Erfahrungen fortsetzen; mir fehlte mein Job während der Kindererziehung sehr und nun möchte ich die Chance nutzen, wieder motiviert einzusteigen …*

- **Welche Konflikte zwischen Mitarbeiterinnen und Mitarbeitern (Kolleginnen / Kundinnen etc.) können Sie sich vorstellen? Wenn ja, warum?**

Hintergrund: Der alte Geschlechterkonflikt. Man möchte erfahren, ob Sie sich gut in ein Arbeitsklima einfügen können. Auch ist Ihre Position zum Thema Gleichberechtigung hieran ablesbar.

Hinweise: Bewältigen Sie diesen Teil des Frage-Antwort-Spiels mit Selbstbewusstsein und zeigen Sie Ihre Sozialkompetenz.

Schlecht geantwortet: *Ich weiß überhaupt nicht, wovon Sie sprechen …*

Besser: *Ich glaube nicht, dass es zwischen mir und anderen Mitarbeitern oder Kunden ernsthafte Konflikte geben wird …*

Besonderheiten im Vorstellungsgespräch mit 50plus

Spricht man Personalverantwortliche darauf an, welche Eigenschaften ein wertvoller Mitarbeiter (ohne Erwähnung des Alters) mitbringen muss, liegen Arbeitsmoral/-disziplin, Qualitätsbewusstsein und Erfahrungswissen auf den Plätzen 1, 2 und 4. Das sind die Fähigkeiten, die Sie als älteren Bewerber besonders auszeichnen und die es Ihrem Gegenüber zu vermitteln gilt. Im Vergleich mit jüngeren Kollegen sind Ihre beruflichen Stärken:

- **Sie können verschiedenartige Arbeitsabläufe besser integrieren.**
- **Sie haben einen sehr guten Überblick über Ihr Arbeitsgebiet.**
- **Ihr gut organisiertes Wissen können Sie leicht einbringen.**
- **Sie können effektive Handlungsstrategien entwickeln.**
- **Sie identifizieren sich stark mit der Arbeit und dem Arbeitsplatz.**
- **Sie verfügen über eine hohe Arbeitsmotivation.**
- **Sie haben eine Vorbildfunktion für jüngere Kollegen.***

Sind ältere Bewerber zudem flexibel, teamfähig und kreativ, sind sie als Mitarbeiter perfekt. Diese drei Fähigkeiten, die eher jüngeren Mitarbeitern zugeordnet werden, spricht man den älteren nicht ab, solange sie geistig jung geblieben sind und dies von sich auch vermitteln können.**

Gehen Sie mit einer positiven Einstellung an Ihre Bewerbung, Ihr Auftreten ist entscheidend: Tragen Sie die Eigenschaften, die Sie jetzt auszeichnen, so nach außen, dass sich viele Vorurteile bei Ihrem Anblick erübrigen – und das betrifft Ihr Äußeres, Ihre Haltung und Ihre Einstellung.

Präsentieren Sie sich schon durch Ihr Äußeres und Ihr Auftreten als lebendigen Gegenbeweis für das Vorurteil, dass Ältere weniger leistungsfähig wären. Zeigen Sie, wie leistungsfähig und selbstbewusst Sie sind. Wichtig ist vor allem Ihr Umgang mit sich selbst in der Vergangenheit, Gegenwart und Zukunft. Körperliche und geistige Fitness sind die besten Voraussetzungen, den Prozess des Alterns ohne allzu große Einbußen zu überstehen.

Gleiches gilt für Ihre Eignung für einen Arbeitsplatz. Man wird Ihnen zutrauen, den Job in den Griff zu bekommen, und wenn nicht diesen, dann einen anderen. Erscheinen Sie dagegen als Opfer Ihres biologischen Alters, was man Ihnen an Kleidung, Haltung und verbalen Hinweisen darauf ansieht („Ich bin zwar schon älter, aber …"), gehören Sie ganz schnell zu den Leuten, an die man sich aus genau den oben beschriebenen Gründen nicht heranwagt.

Präsentieren Sie sich als belastbar: Möglichen Vorurteilen eines potenziellen Arbeitgebers begegnen Sie am besten mit Gelassenheit. Wenn Sie sich ein gewisses Körnchen Wahrheit eingestehen müssen, behalten Sie das für sich und versuchen Sie, etwas daran zu ändern. Lassen Sie Ihr Gegenüber reden und beweisen Sie ihm durch Ihr gelassenes Zuhören und überlegtes Antworten, dass möglicherweise er derjenige ist, der falschliegt.

Ihre Gesundheit ist ein zusätzliches Plus: Fragen nach Ihrer Gesundheit sind zwar in einem Vorstellungsgespräch nicht erlaubt, aber wenn Sie dezent einfließen lassen, dass Sie sich jedes halbe Jahr einem Check-up unterziehen, kann das sehr zur Beruhigung eines Personalchefs beitragen. Es zeigt, dass Sie sich Ihrer Verantwortung sich selbst und Ihrem Arbeitgeber gegenüber durchaus bewusst sind. Im Übrigen treiben Sie natürlich regelmäßig Sport und sind stolz auf Ihre fitten Leistungen …

* Dies waren die Ergebnisse einer Umfrage der Universität Heidelberg im Jahr 2006 unter 750 Unternehmen zu ihrer beruflichen Leistungsfähigkeit im Zusammenhang mit dem Projekt „Die Bedeutung von Arbeitsgestaltung und Personalentwicklung für Innovations- und Anpassungsfähigkeit älterer Arbeitnehmer". Es befasst sich mit der Frage, wie Betriebe Ihr Potenzial nutzen und Sie ein „erfülltes Arbeitsleben" führen können; vgl. www.psychologie.uni-heidelberg.de/ae/abo/forschung_altersdiff_arbeitssys.html.

** Vgl. „Chance oder Bedrohung – wie gut können Unternehmen mit einer alternden Gesellschaft umgehen? Eine Umfrage der CGC – Claus Goworr Consulting unter 600 deutschen Personalentscheidern im Juli 2004, CGC", Claus Goworr Consulting, S. 6.

Zeigen Sie Initiative und Motivation: Sie haben es in der Hand, wie motiviert Sie auf Ihren Arbeitgeber wirken. Eine Initiativbewerbung ist für jeden Personalchef ein Zeichen von Motivation. Wenn Sie auch noch auf die Bedürfnisse der Firma zugeschnitten ist und nicht als Standardschreiben quer durch die Branche verschickt wurde, haben Sie viele gute Trümpfe in der Hand.

Flexibilität und Kompromissbereitschaft sind wichtig. Eine wesentliche Rolle, die auch über eine Einstellung entscheiden kann, spielt Ihre persönliche Flexibilität. Viele der befragten Personalchefs waren der Meinung, dass ältere Bewerber nicht mehr anpassungsfähig und nicht mehr „gut zu handhaben" seien, weil sie sich weniger sagen ließen als jüngere Kollegen. Natürlich ist es verständlich, wenn sich jemand mit Ihrer Erfahrung nicht mehr alles gefallen lässt und Anweisungen eines Vorgesetzten fast schon automatisch auf ihren Sinn überprüft. Die Frage ist aber, wie Sie Ihre Kompetenz vermitteln. Wie so oft im Leben gilt: Der Ton macht die Musik. Daher: Seien Sie auch hier kompromissbereit und versuchen Sie, offen zu sein für Neues.

Heben Sie Ihr Interesse an Weiterbildung hervor. Um dem Vorurteil entgegenzuarbeiten, dass Ihr Wissen, insbesondere im technischen Bereich, veraltet ist, können Sie beispielsweise in Ihrer Bewerbung oder im Vorstellungsgespräch von sich aus darauf verweisen, dass Sie sich für technische Neuerungen interessieren, sich selbst um eine Weiterbildung in diesem Bereich gekümmert oder sich zumindest eingehend damit beschäftigt haben und bereit sind, dazuzulernen.

Beweisen Sie Ihre Teamfähigkeit und Ihren Weitblick, wenn es um die Zusammenarbeit von Jüngeren und Älteren geht. Bewerben Sie sich auf eine Stelle, wo Sie als Mitarbeiter älter sind als der Vorgesetzte, so liegt es natürlich an beiden Seiten, sich so zu zeigen, dass keine Befürchtungen in die eine oder andere Richtung aufkommen. Präsentieren Sie sich von vorneherein als jemand, der gerne bereit ist, seine Erfahrung einzubringen, ohne den Eindruck zu erwecken, an Stühlen zu sägen oder gleich die ganze Firma umkrempeln, ja vereinnahmen zu wollen. Allein durch Körpersprache und Haltung können Sie zeigen, dass Sie sich als beste Wahl für das Unternehmen, nicht als potenzielle Gefahr und als Alphatier (Platzhirsch), von dem es nur eines im Revier geben kann, erweisen.

Seien Sie offen für die Möglichkeiten der Förderung durch die Agentur für Arbeit, es gibt ja die verschiedensten Angebote. Zeigen Sie sich ein Stück weit kompromissbereit, verweisen Sie jedoch selbstbewusst auch auf Ihre bisherigen Leistungen. Erkundigen Sie sich vorab über die verschiedenen Fördermöglichkeiten und präsentieren Sie die verschiedenen Möglichkeiten im Vorstellungsgespräch. Oder verhandeln Sie beispielsweise ein Modell, das anfangs weniger Gehalt, dafür aber die Finanzierung einer Weiterbildungsmaßnahme umfasst.

Die Gesprächsführung

Rhetorische Tipps und Tricks

Wie Ihr Vorstellungsgespräch verläuft, können Sie wesentlich mitbestimmen. Dazu haben wir Ihnen einige bewährte Verhaltensregeln zusammengestellt. Alle Fragethemen lassen sich vorbereiten, selbst Stresssituationen können Sie vorher üben. Wenn Sie wissen, worauf es ankommt, werden Sie anders auftreten und es so leichter haben, zu überzeugen.

Überblick

Verhalten im Vorstellungsgespräch

- Klären Sie vorher, wie viel Zeit für das Vorstellungsgespräch vorgesehen ist. Ob Sie 15 Minuten oder gut eine Stunde Zeit für Ihren Auftritt haben, macht einen wesentlichen Unterschied in der Gestaltung Ihrer „Inszenierung".
- Generell gilt: Führen Sie das Gespräch vorsichtig, Sie sind der Bewerber, der die Fragen zu beantworten hat. Versuchen Sie nicht, die Rollen umzukehren und z. B. immer wieder mit Gegenfragen zu kontern.
- Bereiten Sie sich gut vor. Überlegen Sie sich vorab, was Sie auf die wichtigsten Fragen (s. S. 11) antworten wollen.
- Hören Sie gut zu und erkennen Sie den Fragehintergrund. Was will der Fragende herausbekommen?
- Fragen Sie ggf. nach, ob Sie die Frage richtig verstanden haben (Sie gewinnen dadurch Zeit und wissen besser, „wohin der Hase läuft").
- Nehmen Sie sich Zeit zum Überlegen, damit Ihre Antwort Ihr Ziel (Ihre gewünschte Selbstdarstellung) erreicht.
- Antworten Sie überzeugend und relativ knapp, aber möglichst gut formuliert. Fordert man Sie durch die Formulierung einer offenen Frage wie „Wir wollen Sie gerne kennenlernen, erzählen Sie uns bitte etwas über sich" direkt zu mehr Ausführlichkeit auf, können Sie detaillierter antworten (aber immer noch beruflich-zielorientiert und nicht ausschweifend).
- Offene Fragen („Was ist wichtig in Ihrem Leben?") sind möglichst immer in Bezug auf den angestrebten Arbeitsplatz und seine Aufgaben zu beantworten (die offizielle Ebene). Etwas mehr von Ihrer Privatsphäre preisgeben sollten Sie nur, wenn es für Sie günstiger erscheint.
- Bleiben Sie stets höflich und freundlich, interessiert und kooperativ, egal welche Formen das Gespräch annimmt.

Berufliche und private Ebene

Ganz wichtig: Machen Sie sich bewusst, es gibt oftmals die Möglichkeit, Fragen (insbesondere bei den kniffligen Themen) von zwei Ebenen aus zu begegnen. Die eine ist die **berufliche**, die andere ist die **private** Ebene, von der aus Sie die Ihnen gestellten Fragen beantworten können.

Die Standardfrage „Was sind Ihre Stärken?" würden Sie in einer solchen Vorstellungsgesprächssituation intuitiv mit etwas Beruflichem (also von der beruflichen Ebene aus) beantworten (z. B. „Ich bin ehrgeizig.").

Anders aber bei einer Frage in Richtung „Was sind Ihre Schwächen?". Da ist es viel geschickter, mit einer harmlosen, eher privaten Schwäche anzufangen, statt gleich zugeben zu müssen, die PC-Kenntnisse lassen zu wünschen übrig ...

Verdeutlichen Sie sich, bei welchen Fragen Sie ganz bewusst auf eine andere Ebene ausweichen werden, als man es von Ihnen erwartet. Das ist Ihr gutes Recht und Sie gewinnen so Zeit und bleiben keine Antwort schuldig, ohne sich – insbesondere in heiklen Bereichen – total zu offenbaren.

Der Klassiker ist die bereits erläuterte Frage (s. S. 48 f.) nach den Dingen, mit denen Sie unzufrieden bis unglücklich sind, die Sie belasten, die Sie selbst bei sich gerne ändern würden etc. Hier ist ein kurzer Ausflug auf die private Ebene (z. B. Spanisch lernen, weil Sie dort immer wieder in den Urlaub hinfahren) geschickt und liefert hoffentlich wenig Material, das gegen Sie Verwendung findet.

Fordert der Personalentscheider jedoch explizit dazu auf, Schwächen aus dem beruflichen Bereich zu benennen, gilt es, die Balance zu halten zwischen Selbstvermarktung und durchdachter Selbstkritik: Führen Sie einen Mangel an, der harmlos genug ist, um Sie weder auf der fachlichen noch auf der persönlichen Ebene zu disqualifizieren – z. B. einen Aspekt, der aufgrund Ihres beruflichen Werdegangs sowieso offensichtlich ist, oder eine Kann-Anforderung aus der Stellenanzeige, die Sie nicht voll und ganz erfüllen. Betonen Sie auf jeden Fall Ihre Bereitschaft, die Schwäche zu beheben, oder besser, vermitteln Sie, welche Gegenmaßnahmen Sie bereits ergreifen.

Wie Sie mit unangenehmen Fragen umgehen

Welche Fragen fürchten Sie im Vorstellungsgespräch? Welche Themen und Nachfragen könnten Sie peinlich berühren? Machen Sie sich vorab selbst eine Liste mit unangenehmen Fragen und versuchen Sie sich – mit einem Seitenblick auf die Tipps auf S. 69 – Antworten zurechtzulegen.

Reagieren Sie z. B. sehr zurückhaltend auf die Frage „Was spricht gegen Sie als Kandidaten für diese Aufgabe?". Heben Sie an dieser Stelle eher noch einmal hervor, was für Sie spricht, und bieten Sie nach wohlkalkuliertem Zögern ein, maximal zwei Punkte an, die aber nicht wirklich gegen Sie sprechen. Diese sollten Sie sich vorher überlegt haben. So machen Sie in einer derartigen kritischen Situation den bestmöglichen Eindruck.

Im Grunde genommen geht es bei dieser Fragetechnik (z. B. „Was ist Ihre größte Schwäche?" usw.), in der auch „Katastrophenszenarien" beschrieben werden („Was täten Sie, wenn Sie die Probezeit nicht überstehen?"), immer darum, zu sehen, ob und wie Sie Gelassenheit bewahren und mit solchen Themen und Bemerkungen umgehen können. Sie könnten solchen Überprüfungsfragen wie „Was würden Sie sagen, wenn wir Ihnen den Arbeitsplatz nicht anbieten, weil …" geschickt den Wind aus den Segeln nehmen, indem Sie folgendermaßen reagieren: „Darauf würde ich Ihnen antworten, dass ich Ihre Entscheidung einerseits akzeptiere, andererseits anführen möchte, dass Ihre vorhin benannten Einwände aus meiner Sicht völlig grundlos sind, weil …"

TIPP

Wirkliche Einwände gegen Ihre Person wird man nie in einem Vorstellungsgespräch mit Ihnen diskutieren. Deshalb sollten Sie an diesem Punkt nicht verzagen, sondern selbstbewusst Ihre Chancen nutzen und ruhig und sachlich argumentieren!

Stressinterviews erfolgreich überstehen

Richtige „Stressinterviews" findet man meist nur bei Bewerbungsgesprächen für leitende Positionen; Bewerber für Jobs bis zu einem Jahreseinkommen um die 30.000 € oder Ausbildungsplatzsuchende bleiben davon in der Regel verschont. Dennoch sollten Sie die Möglichkeit eines Stressinterviews einkalkulieren und wissen, wie man in so einer Situation angemessen reagiert. In einer Art Kreuzverhör wird man mit einer Reihe von unangenehmen und unerwarteten Fragen konfrontiert und fühlt sich schnell stark verunsichert. Dies ist nicht sonderlich schwer, da jedes Vorstellungsgespräch für den Bewerber gewisse Verunsicherungen bis Ängste mit sich bringt.

Wie reagieren Sie darauf? Bloß nicht zu heftig. Bleiben Sie (wenigstens äußerlich) gelassen und warten Sie ab. Versuchen Sie, alle Fragen so knapp wie möglich zu beantworten, und stehen Sie auch unangenehme Schweigeminuten durch, schweigen Sie mit. Dazu ein paar Beispiele:

WICHTIG

Wenn Sie das Gefühl haben, das Gespräch nimmt eine für Sie unangenehme, verletzende Form an, könnte es sich auch um einen Provokationstest handeln. Hierbei will man sehen, wie schnell Sie die Fassung verlieren, wie gut Sie die Form auch unter erheblichem Druck bewahren. Bleiben Sie gelassen!

- **Finden Sie nicht auch, dass Sie für diese Position viel zu alt und verbraucht/zu jung und zu unerfahren sind?**

Schlechte Antwort: *Ja, wenn Sie das meinen …*

Bessere Antwort: *Nein, da bin ich anderer Meinung* (und abwarten, nur nicht aus Verunsicherung und Verzweiflung anfangen zu monologisieren).

- **Eigentlich sitzen mir hier auf diesem Platz nur Leute gegenüber, die wirklich exzellente Leistungen aufzuweisen haben. Sie können in dieser Hinsicht nicht viel vorweisen. Sicherlich haben Sie andere Qualitäten, sonst hätten Sie sich ja nicht bei uns beworben? Nun, die Zeit ist knapp, am besten Sie berichten mir etwas über sich. Ich werde Sie nicht unterbrechen.**

Auf so eine breit angelegte Frage sind Sie gut vorbereitet, wenn Sie sich Gedanken über Ihr Kommunikationsziel, Ihre Botschaften und die dazu passenden Argumente gemacht haben (s. S. 24).

Sie sollten immer in der Lage sein, 5 bis 10 Minuten den „Alleinunterhalter" zu spielen und dabei nicht zu langweilen. Aber erwarten Sie bitte nicht ein interessiertes, begeistertes Gesicht von Ihrem

Gegenüber. Der Interviewer wird sich alle Mühe geben, furchtbar gelangweilt dreinzuschauen – ein Stressinterview eben.

Bei Fragen an Sie, die unter die Gürtellinie zielen, bleiben Sie freundlich, verweigern sich aber und weisen die Intimfragen klar zurück. Am nettesten klingt das, wenn Sie fragen: „Entschuldigung, ich verstehe bei dieser Frage nicht den Zusammenhang zu dem von Ihnen angebotenen Job. Können Sie mir das bitte erklären!?" Denn lassen Sie alles mit sich machen, bekommen Sie auch keine Pluspunkte. Wenn Sie sich aber von vornherein darüber im Klaren sind, dass diese Fragen nur der Provokation dienen und Sie verletzen sollen, um Sie zum Äußersten zu bringen, dann können Sie entsprechend besonnen reagieren. Sollten Sie das aber zu sehr übertreiben, also zu cool bleiben, wird es vermutlich noch stärkere Provokationen seitens des Interviewers geben.

Schweigesituation

Neben der gezielten Form, jemanden durch provokative und beleidigende Fragen zu kränken und aus der Reserve zu locken, gibt es auch die Möglichkeit, den Bewerber durch Passivität zu verunsichern. Lange Schweigepausen des Interviewers oder eine abwartende, desinteressierte Haltung sollen Sie dazu bringen, viel zu reden, von sich zu erzählen und etwas preiszugeben. Ihr Verhalten in einer Schweigesituation wird getestet. Halten Sie durch. Zeigen Sie, dass Sie sich abgrenzen können. Schweigen Sie auch für einen Moment und fragen Sie nach, wenn Sie nicht länger abwarten können, ob das alle Fragen Ihres Gegenübers waren. Trotzdem: Nicht jede unangenehme Frage ist der Auftakt für ein Stressinterview. Diese sind wirklich sehr selten.

Spontan auf schwierige Fragen antworten

„Können Sie spontan sein? Überzeugen Sie uns! Was für ein Küchengerät wären Sie gerne?" Oder: „Als welches Tier würden Sie gerne auf die Welt kommen?" Aber auch: „Warum sind Kanaldeckel immer rund??" Die richtige Antwort auf solche Fragen mag vielleicht gar nicht existieren, aber ob Sie antworten „… ein Fleischwolf …" oder „… als Küchenschabe …" oder „… was weiß ich, warum Kanaldeckel immer rund sind …" macht den Unterschied! Ein sympathischer Kaffeekocher klingt schon besser als die aggressiv genervte Antwort „Fleischwolf", eine weiße Taube ist nicht nur ein schönes Symbol, und ein Tiger kommt besser an

TIPP

Wenn Sie mit unangenehmen Fragen konfrontiert werden, die bewusst Ihre Intimsphäre verletzen, sollten Sie darüber nachdenken, ob dieser Arbeitgeber wirklich der richtige für Sie ist. Wollen Sie langfristig bei jemandem arbeiten, der seine Bewerber (vielleicht auch Mitarbeiter) so behandelt?

als ein Bandwurm! Wichtig ist hier nur: Wie gehen Sie mit der Frage bzw. Aufforderung um? Halten Sie kurz inne und zeigen Sie Haltung, wäre unsere Empfehlung. Und nun mal ehrlich: Welches Auto entspricht am ehesten Ihrer Wesensart? Überlegen Sie mal, was Sie damit zum Ausdruck bringen, denn Sie werden ganz sicher nach einer Erklärung gefragt!

Erfolgreich im Einzel- oder Gruppengespräch

Beim klassischen Vorstellungsgespräch stellt man sich in der Regel ein Vier-Augen-Gespräch vor: Personalchef oder nächster Vorgesetzter und Bewerber sitzen sich gegenüber. Möglich sind aber auch andere Runden: Der einzelne Bewerber sitzt zwei oder mehreren Personen gegenüber – einem Auswahlgremium (z. B. der Firmeninhaber und ein leitender Angestellter, Personalberater, Personalchef und Abteilungsleiter, mehrere Personalreferenten und Betriebspsychologen, Betriebsratsmitglieder bis hin zu zukünftigen Kollegen und Mitarbeitern).

Ist es in der Bewerbungssituation gerade noch erträglich, zwei Interviewern gegenüberzusitzen, wird es, wenn man mit einem Vierer- oder Mehrpersonengremium konfrontiert ist, schnell ungemütlich.

Möglicherweise fällt Ihnen z. B. auf, dass bei einem Dreier-Auswahlgremium ein Gesprächspartner Sie besonders freundlich behandelt, ein weiterer „böse“ wirkt (jedenfalls so guckt oder immer wieder unangenehme Fragen stellt) und der dritte Sie neugierig beobachtet, sich Notizen macht und ansonsten schweigt. Diese Rollenverteilung ist kein Zufall. Sie ist sorgfältig vorbereitet und abgesprochen. Hier will man Ihnen auf den Zahn fühlen. Bleiben Sie ruhig und gelassen und versuchen Sie, möglichst zu allen – aber besonders zu dem freundlichen Gesprächspartner – einen guten Kontakt aufzubauen (Blickkontakt, namentlich ansprechen, lächeln).

Schwierig wird es, wenn Sie als Einzelner mit mehr als fünf Personen konfrontiert sind. Glauben Sie uns: 10 bis 20 Personen als fragende und zuhörende Meute sind nicht so selten, wie man es sich wünscht. In bestimmten Branchen, etwa Pflege oder Sozialarbeit, entscheidet häufig das gesamte Team mit …

Möglich – obwohl zunehmend seltener praktiziert – ist auch eine Zusammensetzung, bei der mehrere Bewerber einem Auswahlgremium gegenübersitzen. Das können z. B. drei Bewerber sein, die drei Interviewer vor sich haben, es können aber auch zehn und mehr Bewerber gegenüber fünf oder sechs Auswählern sein.

Wie Sie im Einzelnen mit den Fragen im Vorstellungsgespräch umgehen, wie Ihr Antwortverhalten sein sollte, haben Sie bereits ausführlich im letzten Kapitel erfahren. Sollten Sie in einer größeren Bewerbergruppe antreten, bietet Ihnen das u.U. den Vorteil, von der Präsentationstechnik Ihrer Mitbewerber zu profitieren. In der Regel beginnt so ein Gruppengespräch mit der freundlichen Bitte, jeder möge sich zunächst kurz vorstellen. Manchmal wird daran eine zusätzliche Aufforderung geknüpft (z. B.: „Stellen Sie sich bitte kurz vor, und erzählen Sie uns, warum Sie sich hier beworben haben!").

Hintergrund dieser Vorstellungsrunde in der Gruppe ist der Wunsch, die Bewerber direkt miteinander zu vergleichen. Sie werden in eine Konkurrenzsituation gebracht, weil sich die Auswähler erhoffen, so besondere Informationen über den Einzelnen herauszubekommen. Im Wesentlichen geht es dabei um Ihr Sozialverhalten, Ihre soziale Kompetenz. Die Personalentscheider wollen beobachten, wie die Bewerber miteinander umgehen. Hieraus werden Rückschlüsse gezogen, z. B. auf Teamfähigkeit, Durchsetzungsvermögen, Anpassungsbereitschaft usw.

Ein anderes Motiv auf der Arbeitgeberseite: Zeit ist Geld. Aus einer Gruppe werden relativ schnell die Wunschkandidaten (3 bis 5) „ausgesiebt". Dieses Verfahren wird häufiger in den Gehaltsklassen zwischen 20.000 und 40.000 € Jahreseinkommen genutzt oder bei Vorstellungsgesprächen im Rahmen eines firmeninternen Aufstiegsverfahrens.

Gut zu wissen: Ihr Recht auf Notlüge

So wie der Gesetzgeber den Begriff der Notwehr kennt, existiert für das Bundesarbeitsgericht der Sachverhalt der Notlüge. Darunter ist zu verstehen, dass bestimmte Fragen im Vorstellungsgespräch, z. B. nach der Zugehörigkeit zu einer politischen Partei, nicht wahrheitsgemäß beantwortet werden müssen, wenn der Bewerber davon ausgehen kann, dass von einer bestimmten Antworttendenz die Vergabe des Arbeitsplatzes abhängen könnte.

TIPP

In der Alltagsbewerbungssituation stellt nahezu jeder Arbeitgeber unzulässige Fragen an den Bewerber. Eine abwehrende, unfreundliche Reaktion wird Ihnen keinen Pluspunkt einbringen; besser Sie entscheiden selbst, wie viel Sie über sich preisgeben! Nicht jede Frage ist dabei kritisch gemeint, viele sollen einfach dem besseren Kennenlernen dienen.

Als Vorbemerkung: Bestimmte Fragen und Themen dürfen im Bewerbungsverfahren gar nicht erst behandelt werden. Es sind grundsätzlich nur solche Fragen erlaubt, die „arbeitsbezogen" sind, d. h., die mit dem Arbeitsplatz in direktem Zusammenhang stehen.

Unzulässig ist die Ausforschung der politischen Meinung ebenso wie Fragen nach (auch früherem) gewerkschaftlichem Engagement oder Privatangelegenheiten in puncto Lebensplanung wie Heirat, Familienplanung, Freizeitgestaltung und Hobbys. Frühere Krankheiten und die Frage nach einer Schwangerschaft sind genauso tabu wie die Frage nach den Berufen von Eltern, Geschwistern und Freunden sowie den privaten Vermögensverhältnissen (eventuell Schulden). Nicht erlaubt sind auch Fragen nach Vorstrafen, soweit ganz allgemein gefragt wird, also nicht nur nach solchen Vorstrafen, die „einschlägig", also für die Stelle relevant sind. Unzulässig ist auch, das Vorlegen eines polizeilichen Führungszeugnisses zu verlangen. Nicht statthaft sind schließlich Fragen nach laufenden Ermittlungsverfahren.

Juristisch gesehen ist die Frage nach der früheren Arbeitsvergütung nur dann zugelassen, wenn sich daraus für die konkret in Aussicht gestellte Tätigkeit Folgerungen ziehen lassen, z. B. im Hinblick auf den Verantwortungs- und Aufgabenbereich. Beantwortet der Bewerber eine unzulässige Frage falsch, so hat dies für die Wirksamkeit des Arbeitsvertrages keinerlei nachteilige Folgen. Dies ist zwangsläufig die Konsequenz des eingeschränkten Fragerechts des Arbeitgebers. Denn das bloße Recht, die Antwort zu verweigern, würde dem Bewerber nichts nützen; hier wäre keine Antwort eben auch eine Antwort. Lassen sich Tatsachen, die der Bewerber nicht anzugeben braucht, aus dem Lebenslauf erschließen, so darf der Bewerber den Lebenslauf insoweit „normalisieren". (vgl. www.internet-bewerbung.de/vorstellungsgespraech/fragerecht)

Natürlich gibt es wie bei jeder Regel auch Ausnahmen: Wenn z. B. jemand für die katholische Kirche arbeiten will, ist die Frage des Arbeitgebers Kirche nach der Religionszugehörigkeit durchaus zulässig. Dies gilt auch für die Frage nach früheren Krankheiten bei Piloten oder Zugführern; bei Banken ist es üblich, nach dem polizeilichen Führungszeugnis zu fragen.

Überblick

Die wichtigsten Tipps für die Gesprächsführung

- Ein Kardinalfehler ist die unzureichende Vorbereitung auf die Prüfungssituation Vorstellungsgespräch.
- Selbstdarstellung will geübt sein. Auch ein Schauspieler muss seine Rolle gut einstudieren, muss sich vorbereiten und üben.
- Die Fragen des Vorstellungsgespräches stehen vorher bereits fest. Überlegen Sie sich Ihre Antworten und wie Sie diese präsentieren wollen.
- Bereiten Sie sich gezielt auf Ihr Gegenüber vor (Person, Institution, Aufgabe).
- Als Bewerber sollten Sie wissen, was und wie Sie etwas sagen wollen. Insbesondere muss Ihnen klar sein, was Sie nicht sagen wollen und wie Sie mit Worten schweigen.
- Es geht im Vorstellungsgespräch primär um Sympathie, Leistungsmotivation und Kompetenz. Sympathie müssen Sie gewinnen, Leistungsmotivation und Kompetenz wird Ihnen zugeschrieben.
- Verdeutlichen Sie sich: Sie bestimmen den Gesprächsverlauf weitestgehend mit.
- Angemessene, selbstbewusste Gelassenheit und höfliche Konzentration kennzeichnen einen erfolgreichen Bewerber.
- Das per Grundgesetz geschützte Persönlichkeitsrecht setzt dem Fragerecht des Arbeitgebers Grenzen. Wo er es überschreitet, dürfen Sie ungestraft lügen.
- Es gibt keine unangenehmen Fragen im Vorstellungsgespräch, wenn Sie die richtige Einstellung haben, gut vorbereitet sind und somit angemessen antworten können.
- Sprechen Sie nie negativ über ehemalige Vorgesetzte, Kollegen oder Arbeitsplatzbedingungen.
- Was immer man in der Gesprächssituation gegen Sie einwendet, es kommt darauf an, wie Sie damit umgehen.

Nicht zu unterschätzen: Körpersprache

Manche Personalbeurteiler glauben besonders an die Aussagekraft der Körpersprache. Lesen Sie in der Übersicht, wie bestimmte Körpersignale interpretiert werden.

Körpersignal	Bedeutung
Blickverhalten	
Augen betont weit offen	Aufmerksamkeit, Aufnahmebereitschaft, Sympathie, Signalisieren von Weltoffenheit, Flirtverhalten
verengte Augenöffnung	Konzentration, Entschlossenheit, Eigensinn, Kleinlichkeit, überkritische Haltung
zugekniffene Augen	Abwehr, Unlust
gerader Blick	Offenheit, Gewissensreinheit, Vertrauen
schräger Blick	abschätzende Zurückhaltung
häufiger Blickkontakt	Sympathie
häufiges Wegsehen	mangelnde Sympathie oder Verlegenheit
auffällig häufiger Lidschlag	Unsicherheit, Befangenheit, u.U. nervöse Störung
Mimik	
offenes Lächeln	offene Heiterkeit, uneingeschränkte Mitfreude
gequältes Lächeln	ironisch, schadenfroh, blasiert, ängstlich
überwiegend geöffneter Mund	Mangel an Selbstkontrolle
zusammengepresster Mund	Zurückhaltung, Reserviertheit, Verkniffenheit, Kontaktarmut
Mundwinkel nach unten	Bitterkeit, Pessimist, depressiv
Mundwinkel nach oben	Aktivität bis Abwehr
Heben der Augenbrauen	Ungläubigkeit oder Arroganz

Körpersignal	Bedeutung
Gesten	
übertrieben kräftiger Händedruck („Knochenbrecher“)	Rücksichtslosigkeit, Angeberei
kräftiger Händedruck ohne Übertreibung	Aufrichtigkeit, Sicherheit
schlaffer Händedruck („tote Hasenpfote“)	Unsicherheit, kontaktarm, leicht beeinflussbar
Hand wegziehend	Verschlossenheit
verschränkte Arme – bei Männern – bei Frauen	 – Ablehnung, Verschlossenheit – Selbstschutz, Angst
Hand vor den Mund halten – während des Sprechens – nach dem Sprechen	 – Unsicherheit – will das Gesagte zurücknehmen
Sprecher hält Armlehnen mit beiden Händen fest	Aggressivität, aber etwas unsicher, neigt zur Weitschweifigkeit
Kopf auf Hände stützen	Nachdenklichkeit, Erschöpfung, Langeweile
Spitzdach mit den Händen formen	Arroganz, Abwehr gegen Einwände
Hände reiben	selbstgefällig, selbstzufrieden
spielende Hände	Zeichen von Erregung, Nervosität, Befangenheit, Angst, Verwirrung
mit dem Finger auf den Gesprächspartner zeigen	Angriff, Wut
Hand zur Faust verkrampfen	Wut, verhaltener Zorn
Anfassen der Nase	Nachdenklichkeit, kritische Haltung, Verlegenheit
über den Hinterkopf streichen, Zupfen an den Ohren	Verlegenheit, Unbehagen, Ärger
Streichen des Kinns	Nachdenklichkeit, Zufriedenheit
Finger zum Mund nehmen	verlegen, unsicher
mit den Fingern trommeln	Nervosität, Ungeduld
häufiges Spielen mit dem Ring	Eheprobleme, frustriert vom häuslichen Leben
häufiges Abnehmen der Brille	Ablehnung, Angriff, Nervosität

Körpersignal	Bedeutung
Körperhaltung	
Achselzucken, die Handflächen nach außen	passive Hilflosigkeit
übereinandergeschlagene Beine – zum Gesprächspartner hin – vom Gesprächspartner weg	 – Aufbau eines Sympathiefelds – Ablehnung, Unwillen
übereinandergeschlagene Beine, Knie in die Hand gestützt	kritisch, skeptisch

↓

Körpersignal	Bedeutung
dicht aneinandergestellte Füße beim Sitzen	schuldhafte Ängstlichkeit, Einzelgänger, überkorrekte Grundeinstellung
breit auseinanderklaffende Beine beim Sitzen	sorglose Unbekümmertheit, Rücksichtslosigkeit
friedlich ruhende Sitzhaltung	Selbstsicherheit, aber auch robuste Unbekümmertheit, seelische Erschöpfung
alarmbereite Sitzweise (auf dem Sprung sein)	Mangel an Selbstvertrauen und Sicherheit, auch Misstrauen, innere Unruhe, Angst
Füße um die Stuhlbeine legen	Unsicherheit, Suche nach Halt
Füße nach hinten nehmen	Ablehnung
mit den Füßen wippen	Arroganz, Ungeduld, Sicherheit, Aggressivität
steife, militärische Körperhaltung, geziert aufrecht	Unterdrückung von Angst
breitbeinig dastehen, Daumen in die Achselhöhlen	Selbstsicherheit
den Oberkörper weit nach vorn lehnen	Interesse, Sympathie, Wunsch zu unterbrechen
den Oberkörper weit zurücklehnen	Desinteresse, Ablehnung

Sprechweise	
lautstarke Stimme	Vitalität, Selbstbewusstsein, Kontaktfreude, aber auch Unbeherrschtheit, Geltungsdrang
leise, flüsternde Stimme	Schwäche, mangelndes Selbstbewusstsein, aber auch Sachlichkeit, Bescheidenheit
schnelles Sprechtempo	Impulsivität, Temperament, aber auch ungezügelt, nervös
langsames Sprechtempo	antriebsschwach, aber auch Sachlichkeit, Besonnenheit, Ausgeglichenheit
wechselndes Sprechtempo	innere Unausgeglichenheit
ausgeprägte Pausengestaltung	Disziplin, Selbstbewusstsein
starke Akzentuierung	Lebhaftigkeit, Gefühlsstärke
schwache Akzentuierung	Uninteressiertheit, mangelnde geistige Flexibilität

Geruch	
parfümiert	werbend
überstark parfümiert	unsicher, vernebelnd
Schweißgeruch	ängstlich, unordentlich

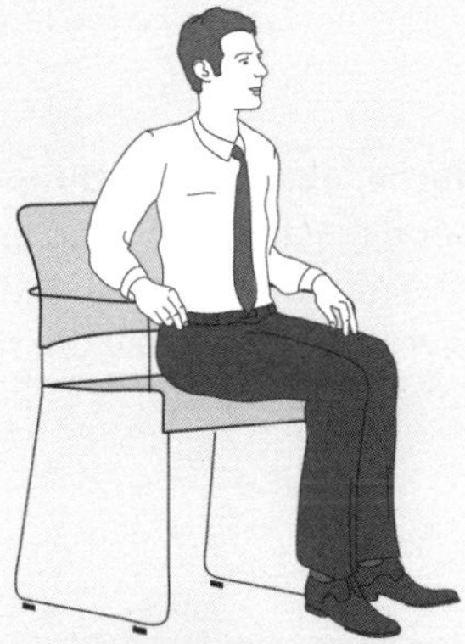

vorn auf dem Stuhl sitzend, fluchtbereit, angespannt

lasch, völlig saft- und kraftlos, zurückgelehnt

mit Bein-Schutzbarriere

Sie haben Platz genommen. Wahrscheinlich sind Sie in dieser Situation mehr oder weniger nervös und angespannt. Das könnte dazu führen, dass Sie sich auf Ihrem Stuhl so präsentieren (obere Bildreihe):

Hier sehen Sie auf einen Blick, wie schlecht diese Körperhaltungen wirken, wie deutlich die Anspannung zu erkennen ist. Das sollten Sie unbedingt vermeiden und sich immer wieder ganz bewusst in eine der folgenden Sitzpositionen bringen (untere Bildreihe):

entspannt, Beine locker nebeneinander, wenn, dann nur leicht geöffnet.

die Hände auf den Schenkeln

oder ein Bein überschlagen, so sitzen Sie gut im Vorstellungsgespräch und vermitteln einen souveränen Eindruck

Verständlich, dass Ihnen in dieser angespannten Situation typische Verlegenheitsgesten unterlaufen können. Immer wenn es heikel wird, wenn unangenehme Fragen auftauchen, wenn Sie sich in einer schwierigen Antwortsituation erleben, könnte Folgendes passieren (s. Bilder):

Deshalb die einfache, aber sehr wichtige Empfehlung: Hände nie am Kopf oder im Gesicht! Sie dürfen mit Ihren Armen und Händen gestikulieren, aber sich nie am Kopf oder in der Halsgegend berühren.

kritische Grübelhandposition

Krawattenhand

Gurgelhand

Ohrläppchen-Geste

Kopfschmerz-Geste

„Es fällt mir gleich ein, äh …"-Nuckel-Geste

Lippen berühren mit dem Finger

Hand im Nacken

Organisatorisches

Kleidung

Die Kleidung – unsere zweite Haut – drückt aus, wie wir uns fühlen. Worin spiegelt sich unser Selbstbild deutlicher als in unserer Kleidung, unserem Outfit? Verdeutlichen Sie sich, dass Sie nach den Bewerbungsunterlagen mit Ihrem Erscheinungsbild eine weitere Arbeitsprobe und Visitenkarte abgeben. Vermeiden Sie es möglichst, besser gekleidet zu sein als Ihr Gegenüber, und verzichten Sie auf Extravaganz, also auf eine grelle, poppige, übertriebene Maskerade (auch Make-up). Gehen Sie kein unnötiges Risiko ein. Machen Sie eine Generalprobe und stimmen Sie sich selbst vor dem Spiegel in Ihre Rolle ein, aber auch in Ihre „Verkleidung". Ihr Selbstgefühl wird es Ihnen danken.

Generell gilt: Heutzutage kleidet man sich für ein Vorstellungsgespräch wieder gediegen, zurückhaltend und eher konservativ. Gefragt ist auch bei Frauen die schlichte Eleganz.

TIPP

Schauen Sie sich typische Berufsvertreter in der von Ihnen angestrebten Position an und orientieren Sie sich für Ihr Vorstellungsgespräch an deren Kleidung.

WICHTIG

Sollten Sie zu einem Vorstellungsgespräch von weit her anreisen müssen, denken Sie daran, Ersatzkleidung mitzunehmen, falls z. B. im Flugzeug eine Tasse Kaffee auf Ihrem Kostüm/Anzug „landet". Ersparen Sie sich den Stress, noch in letzter Minute eine Schnellreinigung ausfindig machen oder etwas Neues kaufen zu müssen.

Anreise

Und auch das gehört zu Ihrer Vorbereitung: Planen Sie genügend Zeit für Ihre Anreise ein, mit Berücksichtigung eventuell auftretender Verzögerungen (Stau, Zugverspätung etc.). Sind Sie zu einem Vormittagstermin eingeladen und das Gespräch findet nicht an Ihrem Wohnort oder in unmittelbarer Nähe statt, ist es von Vorteil, einen Tag oder spätestens am Abend vorher am Zielort zu sein.

Auf diese Weise können Sie sich ganz anders vorbereiten, haben Sie doch eine realistische Vorstellung, wie das äußere Szenarium aussieht. Lassen Sie die Atmosphäre auf sich wirken, schauen Sie sich an, was die Fenster und das Drumherum Ihnen sagen. Aus vielen Details werden Sie sich ein Bild zusammensetzen können, das Ihnen hilft, die Kultur des Hauses, der Firma, des potenziellen neuen Arbeitgebers besser zu erfassen.

Handelt es sich um futuristische Architektur oder ein Gebäude der Jahrhundertwende, dessen dicke Mauern langsam zu zerbröseln drohen? Ist der Zaun von der Art, wie man ihn um Gefängnisse baut, oder hat er mehr dekorativen als funktionalen Charakter? Alles Hinweise, Mosaiksteine für ein vorläufiges Bild, die am Tag der Begegnung zumindest keine negativ irritierende Überraschung mehr bei Ihnen auslösen.

Entscheidend ist ferner, so ausgeruht wie möglich zu sein. Sollten Sie sich wider Erwarten an einem so wichtigen Tag krank fühlen – aus welchen Gründen auch immer –, ist es sinnvoller, den Termin abzusagen, als beispielsweise mit allen sichtbaren und unsichtbaren Beeinträchtigungen durch eine schwere Erkältung anzutreten und sich nicht optimal präsentieren zu können.

WICHTIG

Wenn irgend möglich, schauen Sie sich den Ort dieses für Sie bedeutsamen Treffens vorab von außen an. So kennen Sie nicht nur den „Anreiseweg“ und Wegezeiten, wissen, wo Sie parken können und in welchem Gebäude das Vorstellungsgespräch stattfindet, sondern haben sich mental und auch emotional schon ein wenig eingestimmt.

Stichwort Fahrtkosten

Ist das Vorstellungsgespräch für Sie mit Fahrt-, Verpflegungs- und Unterbringungskosten verbunden, so gilt für die Erstattung folgende Regelung: Bei einer Einladung zum Vorstellungsgespräch muss der potenzielle Arbeitgeber für alle angemessenen Kosten aufkommen, die Ihnen entstehen, egal ob ein Arbeitsvertrag zustande kommt oder nicht. Sollte ein potenzieller Arbeitgeber dazu nicht bereit sein, so muss er Ihnen diesen Sachverhalt vorher ausdrücklich schriftlich mitteilen.

Wenn Sie allerdings anfangen, bei der Abrechnung der Ihnen entstandenen Kosten das Parkhausticket oder den Fahrschein des öffentlichen Nahverkehrs in Rechnung zu stellen, lassen Sie den angemessenen Blick für die Verhältnismäßigkeit vermissen. An der Art und Weise, wie Sie Ihre Abrechnungsunterlagen zusammenstellen und die Gegenseite die Zahlungsabwicklung gestaltet, ist viel abzulesen. Hier sieht man schnell, mit wem man es zu tun hat. Das gilt für die Bewerber- wie die Unternehmensseite.

Stellen Sie sich bei einem Arbeitgeber aus Eigeninitiative vor ohne die ausdrückliche Verabredung, dass dieser für die Reisekosten aufkommt, müssen Sie alle Auslagen selbst tragen.

TIPP

Kommen Sie lieber eine Viertelstunde zu früh als 10 Minuten zu spät. Auch wenn Sie glauben, den Weg zum Unternehmenssitz gut zu kennen, können Sie nicht sicher sein, wie lange der Weg auf dem Betriebsgelände oder im Firmengebäude ist. Natürlich dürfen Sie nicht übertreiben. Insbesondere sollten Sie im Vorzimmer des Geschehens nicht mehr als 5 Minuten vor dem vereinbarten Termin eintreffen. Wer 20 Minuten zu früh aufkreuzt, macht einen schlechten Eindruck.

Die wichtige Nachbereitung

Nach der Schwerstarbeit Vorstellungsgespräch haben Sie sich eine Belohnung verdient – unabhängig davon, wie das Ganze für Sie gelaufen ist. Lassen Sie sich verwöhnen oder tun Sie sich selbst etwas Gutes. Sie brauchen neue, frische Kräfte für eine eventuelle nächste Runde. Und die kommt unweigerlich auf Sie zu, wenn Sie Ihre Chancen ernsthaft wahrnehmen wollen.

Nach der Belohnung sollte unbedingt die Nachbereitung des zurückliegenden Vorstellungsgespräches erfolgen. Sie als Arbeitskraftanbieter haben zwar schon während des Gesprächs Ihre Fragen an das Unternehmen gestellt, müssen aber jetzt noch einmal über die folgenden Punkte nachdenken: Mit was für einer Persönlichkeitsstruktur haben Sie es bei Ihrem potenziellen Vorgesetzten zu tun? Was könnte dessen Motivation sein – allgemein, bezogen auf das Unternehmen, bezogen auf Sie? Wie schätzen Sie die menschliche und fachliche Kompetenz Ihres Gesprächspartners, des Unternehmens ein? Schwant Ihnen da etwas Ungutes oder sind Sie im Gegenteil angenehm berührt und optimistisch gestimmt?

Mit der Ausgangsposition Ihres Gegenübers hatten Sie sich ja bereits vorab beschäftigt, ebenso wie mit der Informationsrecherche zu Ihrer möglichen Arbeitsaufgabe, zu Position und Branche. Und jetzt, nachdem Sie einen kurzen Einblick erhalten haben: Was erwartet Sie am neuen Arbeitsplatz, wenn man sich für Sie entscheidet? Wie ist man mit Ihnen bisher umgegangen, wie sind Sie angesprochen worden, wie wurden Ihre Fragen beantwortet?

Nicht nur Sie sind gemustert worden, auch das Unternehmen und seine Repräsentanten haben ein Äußeres. Welcher (Ver-)Kleidungsstil kennzeichnet das Unternehmen und wie ist man vor Ort ausgestattet? In welchem Zustand ist das Mobiliar und welcher technische Standard herrscht bei der Bürokommunikation? Welche Größe haben die Räume, wie gestaltet sich der Blick nach draußen? Wie sieht es einige Hundert Meter vor dem „Tatort" Ihres Vorstellungsauftrittes aus? Brüllen sich die Mitarbeiter auf dem Flur an? Grüßt man sich und Sie? Wie ist die allgemeine Unternehmenskultur?

Sie sehen schon, das alles sind wichtige Orientierungspunkte, die Ihr Vorwissen und Ahnen über den potenziellen Arbeitgeber entscheidend ergänzen und abrunden. So tragen diese Impressionen wesentlich zu Ihrer Entscheidung bei, ob Sie Ihre Lebenszeit und Arbeitskraft hier investieren sollten oder besser nicht. Denken Sie an Ihren jetzigen Arbeitsplatz und dass es Ihre ursprüngliche Intention war, sich zu verbessern.

Wir empfehlen Ihnen nach einem Vorstellungsgespräch auf jeden Fall einen Blick zurück. Wie ist das Gespräch verlaufen? Mit welchen Fragen haben Sie gerechnet, mit welchen nicht? Was ist Ihnen gelungen, was weniger? Was könnten Sie jetzt mit mehr Gelassenheit und Nachdenkzeit besser beantworten? Worauf müssen Sie sich beim nächsten Mal intensiver vorbereiten? Was haben Sie aus alldem gelernt?

Zu den wichtigen Nachbereitungsaktivitäten gehört die Erstellung eines möglichst ausführlichen Gedächtnisprotokolls des gesamten Gesprächsablaufes inklusive aller Personen, die Ihnen begegnet sind, und deren Namen. Wenn Sie wissen, wie die Sekretärin des Personalchefs heißt, können Sie diese beim nächsten Telefonat persönlich ansprechen. Vielleicht hilft's und Sie bekommen durch Ihre nette Ansprache den Chef persönlich ans Telefon, obwohl seine Sekretärin ansonsten generell alle Anrufer an diesem Tag abwimmelt.

Hoffentlich haben Sie am Ende Ihres Vorstellungsgesprächs eine Information erbeten bzw. erhalten, wie und wann der Entscheidungsprozess weitergeht. Auch diese Information sollten Sie unter dem Stichwort Rückmeldung in Ihr Protokoll eintragen. Natürlich müssen Sie jetzt erst einmal einige Tage abwarten und sehen, ob sich etwas tut – es sei denn Sie haben etwas anderes vereinbart. Üben Sie sich in Geduld und fragen Sie nicht vor Ablauf einer Frist von etwa 5 bis maximal 7 Tagen telefonisch nach, was aus Ihrer Bewerbung geworden ist.

Sollten Sie allerdings vier Wochen verstreichen lassen, ohne sich interessiert zu zeigen und nachzufragen, wird das sehr wahrscheinlich gegen Sie ausgelegt. Eine von Ihrem Gesprächspartner zu verantwortende lange Wartezeit spricht aber auch gegen Ihren potenziellen Arbeitgeber, denn man lässt Kandidaten nach einem Vorstellungsgespräch nicht längere Zeit ohne Zwischenbescheid im Unklaren.

Durch einen guten Nachfassbrief/ eine gute Nachfassmail punkten

Zu den besonderen Tricks, sich als Bewerber von anderen deutlich abzuheben, gehört der Nachfassbrief bzw. die Nachfass-E-Mail. 1 bis maximal 3 Tage nach Ihrem Auftritt abgeschickt, wird dieses Schreiben Ihren Gesprächspartner dazu veranlassen, sich erneut mit Ihnen zu beschäftigen. In diesem Brief bedanken Sie sich nicht nur für das interessante Gespräch, sondern knüpfen an das an, was offengeblieben ist, was Sie noch nachtragen möchten etc. Hier ist natürlich wichtig, dass Sie sich den Namen Ihres Gegenübers notiert haben, damit Sie die Person im Brief namentlich ansprechen können.

Im Wesentlichen geht es beim Nachfassbrief – eine Seite, eventuell sogar handschriftlich, reicht vollkommen aus – darum, deutlich zu machen, dass Sie sehr interessiert bzw. motiviert sind, verstanden haben, worum es geht, und gerne bereit sind, das Gespräch jederzeit fortzusetzen, und dass Sie am liebsten Ihre ganze Arbeitskraft für das Unternehmen einsetzen wollen.

Wenn Sie so etwas plump, vielleicht auch nur ungeschickt oder langweilig machen oder das Vorstellungsgespräch eher schwierig und schleppend verlaufen ist, gewinnen Sie mit einem Nachfassbrief natürlich nichts. Vielleicht gehören Sie ja bereits nicht mehr in die engere Kandidatenwahl. Gelingt es Ihnen aber, nach einem gut verlaufenen Vorstellungsgespräch mit dieser Aktion per Brief oder Mail intelligent „einen draufzusetzen" (s. Beispiel auf der nächsten Seite), so verbessern Sie Ihre Chancen, unter die ersten drei Kandidaten oder gleich an die Spitze zu kommen.

Dabei kann es sich sogar lohnen, maßgeschneiderte, individuelle Briefe an die unterschiedlichen Hauptakteure des Vorstellungsgesprächs zu schicken, wenn Sie mehrere Gesprächspartner hatten. Wir denken dabei z. B. an den Personalchef oder seinen Vertreter auf der einen und den Fach-Abteilungsleiter bzw. den unmittelbaren Vorgesetzten auf der anderen Seite, wenn Sie deren Bekanntschaft gemacht haben. Bisweilen tut es aber auch ein einzelner Brief an den potenziellen zukünftigen Chef.

Dass in diesem Brief bzw. dieser E-Mail allergrößte Sorgfalt an den Tag gelegt und die Verkaufsbotschaft sorgfältig abgewogen werden muss, versteht sich eigentlich von selbst. Worum kann es nun in so einem Schreiben gehen? Folgende Punkte sind zu berücksichtigen:

- Sie danken Ihrem Gesprächspartner für Zeit und Interesse.
- Sie arbeiten noch einmal die drei wichtigsten Verkaufsargumente heraus, die für Sie sprechen und von denen Sie annehmen können, dass der Empfänger diese wertzuschätzen weiß. Dieser von Ihnen wohlformulierte Absatz wird Sie vor dem geistigen Auge Ihres potenziellen Arbeitgebers neu aufleben lassen und als wichtigen und ernst zu nehmenden Kandidaten weit nach vorne in sein Bewusstsein rücken.
- Setzen Sie etwaigen Negativeindrücken bzw. Mankos, die im Vorstellungsgespräch offensichtlich geworden sind, etwas entgegen. Räumen Sie z. B. ein, dass Ihre Erfahrungen auf dem Sektor XY noch nicht so fundiert sind, dass Sie jedoch aufgrund von … meinen, Sie hätten etwas anzubieten. Vermeiden Sie aber, alles rechtfertigen zu wollen oder sogar neue gravierende Negativmerkmale zu zementieren. Führen Sie keine negativen Aspekte an, die Ihr Gegenüber übersehen, vergessen oder als irrelevant eingeschätzt haben könnte. Wiederholen Sie auch keine Schwachpunkte, denen Sie nicht wirklich etwas entgegenzusetzen wissen.
- Als positiver Abschluss des Briefes/der E-Mail könnte Ihnen ein gut formulierter Absatz dienen, der einen neuen, zusätzlichen Kompetenzaspekt in Bezug auf die angestrebte Position beinhaltet, der im Vorstellungsgespräch noch nicht von Ihnen herausgestellt werden konnte.

Aus gutem Grund wollen wir Ihnen hier nur zwei detaillierte Formulierungsbeispiele – für einen Nachfassbrief und eine E-Mail – geben. Sie sollten Ihrer Fantasie und Ihrer Kreativität freien Lauf lassen, ansonsten müssen Sie befürchten, dass Mitbewerber ähnliche Texte aufsetzen. Versuchen Sie also, Ihren eigenen Stil zu entwickeln.

Britta Maron Bachstraße 11 52066 Aachen Tel.: (02 41) 6 78 13 77

Internationale Liegenschaftsbank
Personalabteilung
Herrn Werner Thamm
Richard-Wagner-Platz 12
10585 Berlin

Aachen, 10.12.2014

Vorstellungsgespräch am 08.12.2014
Meine Bewerbung als Sekretariatsleitung

Sehr geehrter Herr Thamm,

vielen Dank für das informative Gespräch.
Besonders die offene, herzliche Gesprächsatmosphäre und Ihre Erläuterungen über Aktivitäten und Ziele bis hin zur Unternehmenskonzeption der ILG Bank fand ich äußerst spannend. Dies alles bestärkt mich in meinem Wunsch, bei Ihnen tätig zu werden, mein Wissen und Engagement für die Optimierung Ihrer Büroorganisation voll einzubringen.

In einem so kurzen Zeitraum des Sichkennenlernens wie in einem Vorstellungsgespräch fällt es mir nicht leicht, die Eigenschaften herauszustellen, die mich besonders für die zu besetzende Position qualifizieren.

Im Nachhinein möchte ich gern hinzufügen, dass
- meine fundierten kaufmännischen Kenntnisse als Groß- und Außenhandelskauffrau,
- meine Erfahrungen in der Projektarbeit (Stichwort: Konzernumwandlung),
- meine Kommunikations- und Lernfähigkeit,
- mein persönliches Organisationstalent
- sowie meine Eigenschaft, Ziele nicht aus dem Auge zu verlieren,

gute Voraussetzungen für die Sekretariatsleitung darstellen.

Nachdem Sie mir eine Hotelunterkunft für den Start in Aussicht gestellt haben, bin ich gern bereit, meinerseits alles Erforderliche zu tun, um am 2. Januar 2015 bei Ihnen anfangen zu können.

Ich freue mich darauf, von Ihnen zu hören, und verbleibe

mit freundlichen Grüßen aus Aachen

Britta Maron

Nachricht Einfügen Optionen Text formatieren

Senden

An... mertens@personal.ecm.de

Cc...

Betreff: Vorstellungsgespräch am Mittwoch, den 24.06.2014

Bewerbung als Leiter des Kino-Centers

Sehr geehrter Herr Mertens,

vielen Dank für das ausführliche und informative Gespräch. Besonders die offene, gute Gesprächsatmosphäre sowie Ihre Ausführungen über Unternehmensaktivitäten und -ziele wusste ich zu schätzen.
Sehr gerne möchte ich als hauptverantwortlicher Leiter Ihres Hauses tätig werden und mein ganzes Wissen und Engagement für die Optimierung Ihres Unternehmens einbringen.

Aus meiner Sicht sprechen für mich

- mein breites Spektrum an Organisationserfahrung,
- meine Mitarbeiterführungskompetenz,
- meine besondere Stressresistenz.

Bereits zum 1. September 2014 könnte ich Ihrem Unternehmen zur Verfügung stehen. Wenn Sie mir – wie in Aussicht gestellt – bei der Wohnungsbeschaffung behilflich sind, sehe ich einem Erfolg versprechenden Start im Spätsommer mit Freude entgegen.

Auf die Fortsetzung unseres Gespräches gespannt
grüße ich Sie herzlichst

Thomas Berning

Thomas Berning
Malvenstraße 94
55430 Oberwesel
Tel. 0201 124458
Mobil 0171 92851394

Das zweite Vorstellungsgespräch

Sie werden zu einem zweiten Vorstellungsgespräch eingeladen! Prima, jetzt gibt es vielleicht nur noch Sie und einen weiteren Bewerber. Die wichtige Entscheidung steht also kurz bevor.

Im zweiten Vorstellungsgespräch geht es darum, offengebliebene Fragen ausführlich abzuklären, noch einen besseren persönlichen Eindruck zu bekommen und Sie als Kandidaten Ihren potenziellen Kollegen vorzustellen, um gegebenenfalls auch deren Meinung mit zu berücksichtigen.

Ziel eines zweiten Vorstellungsgesprächs ist es jetzt, von den in die engere Auswahl gelangten Bewerbern – in der Regel 2 bis maximal 4 Kandidaten – durch intensives Befragen noch mehr Informationen zu bekommen. Dabei geht es um die Überprüfung, ob der Sympathiebonus, den sich der Bewerber im ersten Gespräch erworben bzw. erarbeitet hat, standhält und möglichst noch verstärkt werden kann.

Eine geschickte Gesprächsführung und neue interessante Fragen Ihrerseits sowie Ihre angemessene, im Rahmen bleibende Bereitschaft, etwas mehr von Ihrer Privatseite zu zeigen, können Ihre Position im kleinen Kreis der wichtigsten Bewerber stärken. Jetzt geht man schon mehr in die Details, und sehr bald ist auch der Zeitpunkt erreicht, zu dem die Gehaltsfrage intensiver erörtert wird.

Auf den nächsten Seiten finden Sie wichtige Hinweise zur Gehaltsverhandlung.

Die Gehaltsverhandlung

Wie Sie bekommen, was Sie verdienen

Die Gehaltsverhandlung ist natürlich auch Bestandteil eines Bewerbungsgesprächs. Das Thema Geld sollten Sie aber nicht zu früh ansprechen. Oft wird es erst in einem zweiten Auswahlgespräch verhandelt.

Auch für die wichtige Gehaltsfrage ist eine gute Vorbereitung angesagt. Insbesondere eine Marktanalyse unter dem Aspekt „Was wird gezahlt, wo liege ich dabei aufgrund meiner Kompetenz?" ist essenziell.

Besonders für Wiedereinsteiger (z. B. nach einer längeren Familienphase) ist es sicherlich nicht leicht, den Wert ihrer Arbeitskraft realistisch einzuschätzen. Recherchieren Sie daher besonders gründlich, was am Markt gezahlt wird.

Wenn Sie Ihren Arbeitgeber wechseln wollen, haben Sie es einfacher: Etwa 10 bis maximal 20 % mehr als Ihr derzeitiges Gehalt sind drin. Die Verbesserung um etwa 15 % ist für den Um- bzw. Neueinstieg dabei der Regelfall. Eine erwünschte Steigerung um nur 5 % führt vonseiten des Arbeitgebers zum Hinterfragen Ihrer Arbeitsmotivation, und Verbesserungen von mehr als 20 % ziehen starken Leistungsdruck nach sich bzw. Gedanken, ob Sie die Investition wirklich wert sind.

Nun liegt es an Ihnen, die eigenen Fähigkeiten und Ihren Erfahrungsschatz zu taxieren. Ob Sie nach der Maxime „Qualität hat ihren Preis" oder nach dem Motto „Bescheidenheit ist eine Zier" handeln, bestimmen Sie selbst. Erfahrungen zeigen: Wer sich als Bewerber eindeutig unter Wert anbietet, wird nicht geschätzt. Wer sich überschätzt, ist jedoch meist auch schnell aus dem Rennen.

WICHTIG

Informationen zu üblichen Gehältern erhalten Sie bei den Berufs- und Interessenverbänden, bei den Industrie- und Handelskammern, Gewerkschaften sowie in den entsprechenden Fachzeitschriften für Ihre Berufsbranche. Die einschlägigen Wirtschaftszeitungen und -zeitschriften bieten regelmäßig Übersichten, was in den verschiedenen Branchen und Positionen verdient wird. Aber auch im Internet finden Sie Gehaltslisten im Überblick.

TIPP

Gehen Sie mit einer genauen Gehaltsvorstellung in die Verhandlung. Überlegen Sie sich vorher, wie viel Geld Ihnen die Firma mindestens bieten muss, damit Sie dort anfangen. Nur mit einem fest definierten Ziel vor Augen sind Sie in Ihrer Argumentation überzeugend. Und Sie gehen selbstbewusster ins Gespräch. Machen Sie sich vor der Gehaltsverhandlung klar, dass Sie nichts zu verschenken haben und sich keinen Gefallen tun, wenn Sie zu große finanzielle Zugeständnisse machen.

WICHTIG

Bis etwa 25.000 € Jahresgehalt, was ungefähr einem monatlichen Bruttogehalt von 2.000 € entspricht (Brutto: noch vor den Abgaben von Steuern und Versicherungen), dürfen Sie sagen, was Sie monatlich verdienen möchten. Bei einer größeren Summe verhandeln Sie immer über das Brutto-Jahresgehalt.

Beispiel 1: Hoher Gehaltssprung nach oben

„Wie hoch ist Ihr jetziges Einkommen?", fragt der Personalchef den Bewerber nach etwa 30 Minuten Gesprächsdauer. Dieser Bewerber hat sich auf das Stellenangebot eines Fachgeschäftes für Öko-Lebensmittel gemeldet, die einen 1. Verkäufer (Senior) suchen. Im Anzeigentext wurden 25.000 € Gehalt p. a. (pro anno = pro Jahr) angeboten. Nicht zu Unrecht befürchtet der Bewerber, dass bei Nennung seines jetzigen Gehalts – etwas über 18.000 €, also gut ein Drittel weniger als das Angebot dieses Arbeitgebers – Zweifel an ihm als Kandidaten für die neue, höhere Position auftauchen würden.

Die 25.000 € Jahresgehalt sind für den Bewerber mit ein wichtiger Grund, sich nach dieser neuen, besser bezahlten Position umzuschauen. Damals, vor viereinhalb Jahren, noch quasi Berufsanfänger, schien ihm die Bezahlung nicht so wichtig. Insbesondere das Aufgabengebiet bei seiner jetzigen Firma fand er attraktiv und den Einstieg wert.

Dem Bewerber ist klar, dass er sich mit der Frage auseinandersetzen muss, wieso er bisher für lediglich 18.000 € p. a. gearbeitet habe. Er befürchtet nicht ohne Grund, dass er deutlich weniger als 25.000 € angeboten bekommt. Wir haben aber schon gesehen: Fragen nach dem Gehalt sind eigentlich unzulässig (s. S. 76).

„Verrate mir dein Jahreseinkommen, und ich sage dir, was du und deine Leistung wert sind." Nicht selten versucht der potenzielle Arbeitgeber, durch direktes Erfragen das aktuelle Gehalt, die Jahresbezüge des Bewerbers, in Erfahrung zu bringen. Hintergrund ist die Überlegung, dass ein Kandidat mit bisher 18.000 € Jahreseinkommen nicht unbedingt auf einen Schlag einen so großen Gehaltssprung zu machen braucht, der ihn jetzt 25.000 € im Jahr verdienen lässt.

Dieser Kandidat – so der Gedankengang – wäre wahrscheinlich auch mit einer Steigerung auf 20.000 bis 22.000 € zufrieden und damit für den Arbeitgeber „preisgünstiger" als ein anderer Bewerber. Um vorab zu erfahren, wie „teuer" ein Bewerber ist, platziert der Arbeitgeber in Stellenangeboten auch häufig den Hinweis, man möge sich im Bewerbungsschreiben zu seinen Gehaltsvorstellungen äußern.

Beispiel 2: Gehaltssprung nach unten

Auch Gehaltseinbußen für einen neuen Job sind heikel: Wenn also ein Bewerber aktuell z. B. 36.000 € im Jahr verdient, sich neu orientiert und auf ein Stellenangebot meldet, das pro Jahr 24.000 € in Aussicht stellt, tauchen ganz besondere Probleme auf. Der potenzielle Arbeitgeber wird sich über den freiwilligen Gehaltsverzicht wundern und den Bewerber möglicherweise nicht in die engere Wahl ziehen. Hintergrund: Er geht davon aus, dass bei einer Gehaltsverschlechterung die Motivation des Arbeitnehmers zu wünschen übrig lässt.

Es mag Fälle geben, die diese Annahme bestätigen. Verallgemeinern sollte man sie nicht. Sind Sie als Arbeitnehmer in der schwierigen Situation, wechseln zu wollen oder sogar zu müssen – und dafür auch einen gewissen Gehaltsabschlag in Kauf zu nehmen –, sollten Sie darauf vorbereitet sein, dass man Ihnen mit Misstrauen begegnet. Bauen Sie deshalb eine plausible Argumentation auf.

Es gibt also mehrere gute Gründe, sein aktuelles Gehalt nicht sofort und detailliert zu offenbaren.

WICHTIG

Der Gehaltsabstieg bedarf unbedingt einer guten Vorbereitung. Sie sollten auf jeden Fall plausibel erklären können, warum Sie mit weniger Gehalt zufrieden sind.

Ihr Verhalten bei der Gehaltsfrage

„Wie sind Ihre aktuellen Bezüge?", wird der Bewerber gefragt. „Ich kann mir gut vorstellen, mit den von Ihnen im Inserat angebotenen 24.000 € pro Jahr zunächst auszukommen", antwortet er. „Wie darf ich das verstehen?", fragt der Personalchef, der das „zunächst" nicht überhört hat. „Wenn ich gesagt habe ‚zunächst', dann gehe ich davon aus, dass sich im Laufe der Zeit vielleicht doch Gehaltserhöhungen ergeben werden." – „Aber sicher doch, selbstverständlich", bemerkt der Personalchef und setzt noch einmal nach: „Wie sieht denn Ihr aktuelles Monatseinkommen aus?" – „Nun, also, meine Jahresbezüge bei meinem jetzigen Arbeitgeber unterscheiden sich schon etwas von dem, was Sie in Ihrem Angebot benannt haben. Gibt es bei Ihnen im Hause bereits Vorstellungen, wann Sie bereit wären, über eine Gehaltsverbesserung nachzudenken?"

TIPP

Begehen Sie jedoch nicht den Fehler, bei der konkreten Nachfrage nach Ihrem Gehalt zu sehr zu mogeln – Personalchefs wissen in der Regel, was woanders gezahlt wird.

Wieder ist der Personalchef beschäftigt und hoffentlich abgelenkt. So können Sie versuchen, das Gespräch von der Frage nach den aktuellen Bezügen wegzuführen, ohne sich zu offenbaren bzw. zu lügen. „Ich erwarte im Jahr mindestens 24.000 €" wäre auch eine Antwortmöglichkeit auf die Frage nach den konkreten Jahresbezügen.

Es kann Ihnen also durchaus ohne größere Schwierigkeiten gelingen, sich beim Thema „aktuelles Gehalt" in Relation zum potenziellen neuen Gehalt nicht sofort in die Karten schauen zu lassen. Sie können die Antwort auf die direkte Frage nach den aktuellen Bezügen nur schwer verweigern. Andererseits sitzt Ihnen weder ein Finanzbeamter der Steuerfahndung noch Ihr Steuerberater gegenüber, sodass Sie etwas großzügiger und weniger präzise auf- bzw. abrunden können. So können Sie gegebenenfalls auf weitere Vergünstigungen, Sozialleistungen besonderer Art, Extras usw. hinweisen oder diese überschlagsartig mit einrechnen, um den Jahreseinkommensbetrag schön gerundet zu präsentieren.

Zusammengefasst

Das Vorstellungsgespräch ist eine Art Prüfung, ein Ritual und folgt bestimmten Spielregeln. Diese haben Sie jetzt kennengelernt. Nicht nur Sie stehen auf dem Prüfstand; auch das Unternehmen, für das Sie eventuell arbeiten wollen, sollte von Ihnen sorgfältig geprüft werden. Auch Sie entscheiden!

Auf Ihr Vorstellungsgespräch können und sollten Sie sich bestens vorbereiten. Machen Sie es dem Entscheider leicht, sich für Sie, den bestmöglichen Kandidaten, zu entscheiden.

Worum geht es im Vorstellungsgespräch? Neben der inhaltlichen Beantwortung der Fragen stehen 8 Beurteilungskriterien im Mittelpunkt:

- Wie ist die äußere Erscheinung?
- Wie sind Auftreten und Umgangsformen?
- Wie verhält es sich mit der Anpassungs-/ Einordnungsbereitschaft?
- Wie gut ist Ihr sprachliches Ausdrucksvermögen?
- Wie Ihr Kontakt- und Kommunikationsverhalten?
- Wie hoch ist Ihre „Kopf"-, aber auch „Hand"-Arbeits-Leistungsfähigkeit?
- Welches Arbeitsverhalten ist zu erwarten?
- Wie weit kann man Ihnen vertrauen?

Kurzum: Was für ein Mensch sind Sie (Persönlichkeit, Charakter), was werden Sie leisten (Leistungsmotivation, Fleiß)? Und: Was können Sie (Kompetenz) bzw. wie lange wird es dauern, bis Sie die für Ihre Tätigkeit notwendigen Dinge gelernt haben und gewinnbringend einsetzen?

Was Sie sonst noch wissen sollten

Das Autorenteam Hesse/Schrader ist seit über 30 Jahren auf dem Sektor der Bewerbungsratgeber sowie zu weiteren Themen aus der Arbeitswelt publizistisch tätig und hat im Laufe dieser Zeit mehr als 200 Bücher veröffentlicht. Am Anfang stand die erstmalige Veröffentlichung aller gängigen sogenannten Intelligenztests und deren kritische Reflexion in dem Buch *Testtraining für Ausbildungsplatzsuchende* (1985). Ebenfalls Neuland im Bereich Berufsleben erschloss ihr Buch *Die Neurosen der Chefs – die seelischen Kosten der Karriere* (1994).

Von besonderem Interesse für den Leser dieses Buches dürfte auch der Titel *1x1 Die erfolgreiche schrittliche Bewerbung* sein und die Reihe „Die perfekte Bewerbungsmappe" – Bücher im DIN-A4-Format, die zahlreiche Beispiele im Originalformat zeigen und auf die unterschiedlichen Situationen von Bewerbergruppen (Azubis, Hochschulabsolventen, Führungskräfte) eingehen. Weitere sehr hilfreiche Bücher sind Hesse/Schrader *Training Arbeitszeugnis* (ebenfalls im DIN-A4-Format) und *Neue Formen der Bewerbung*.

Beide Autoren verfügen über eine langjährige Erfahrung als Seminarleiter bei Bewerbungstrainings und in der individuellen Einzelberatung.

1992 gründeten sie in Berlin das Büro für Berufsstrategie, das ausschließlich Arbeitnehmer in allen erdenklichen beruflichen Fragen berät und unterstützt. Mehr als 30 Jahre Buchpublikationen und über 20 Jahre tägliche Beratungsarbeit mit Kandidatinnen und Kandidaten, die das Büro für Berufsstrategie aufsuchen, zeichnen die Autoren als kompetent und praxiserfahren aus.

Wenn Sie persönliche Anregungen wünschen, Rat und Unterstützung brauchen, wenden Sie sich bitte an unser Büro:

Hesse / Schrader
Büro für Berufsstrategie
Oranienburger Straße 4–5
10178 Berlin
Tel.: (0 30) 28 88 57-0
Fax: (0 30) 28 88 57-36
www.hesseschrader.com

Bitte beachten Sie auch unsere Büros in Frankfurt, Stuttgart, Köln, Hamburg und München.

Stichwortverzeichnis

Unsere Leseempfehlungen

Neue Formen der Bewerbung

- Innovative Strategien
- Einzigartige Gestaltungsideen
- Netzwerke erfolgreich nutzen

Hesse/Schrader

Kann man mit einer besonders ungewöhnlichen Bewerbung erfolgreich sein? Ja – sofern man authentisch bleibt, die Unterlagen auf die „Branche" abstimmt und sich positiv von den Mitbewerbern abhebt. Entscheidend ist die Idee, die die Bewerbung unverwechselbar macht. Kompetent und praxisnah zeigen Hesse/Schrader, wie man das Interesse des Personalchefs weckt.

168 Seiten, 19,5 x 19,5 cm, Broschur
Best.-Nr. E10481
€ 16,95 (D) / € 17,50 (A)
ISBN 978-3-86668-796-7

Die Überzeugende Selbstpräsentation im WWW

So nutzen Sie Social Networks, Blogs & Co.
für Ihre erfolgreiche Online-Reputation

Hesse/Schrader

Heutzutage müssen Sie damit rechnen, dass der potenzielle neue Arbeitgeber Sie „googelt", wenn Sie sich bei ihm bewerben. Stößt er dann z. B. auf kompromittierende Facebook-Fotos von der letzten Party oder eine Buchempfehlungs-Liste, auf der Sie hauptsächlich erotische Literatur empfehlen, haben Sie schon vor einem möglichen Vorstellungsgespräch einen Eindruck hinterlassen, den Sie unter Umständen nie mehr „ausbügeln" können. Wie Sie sich im Internet optimal und erfolgreich darstellen, wie Sie Ihre Privatsphäre schützen und den neuen Arbeitgeber von sich überzeugen, zeigen die Bewerbungsexperten Nr. 1, Hesse/Schrader, in diesem unverzichtbaren Ratgeber!

208 Seiten, 14,5 x 20,7 cm, Klappbroschur
Best.-Nr. E10489
€ 16,95 (D) / € 17,50 (A)
ISBN 978-3-86668-961-9

23-BK-R013

Bestellungen bitte direkt an: STARK Verlag · Postfach 1852 · D-85318 Freising
Tel. 0180 3 179000* · Fax 0180 3 179001* · www.berufundkarriere.de · info@berufundkarriere.de
* 9 Cent pro Min. aus dem deutschen Festnetz, Mobilfunk bis 42 Cent pro Min. Aus dem Mobilfunknetz wählen Sie die Festnetznummer 08167 9573-0

STARK

Können wir noch mehr für Sie tun?

Jürgen Hesse

Gemeinsam mit unserem erfahrenen Berater- und Trainerteam bieten wir professionelle Beratung zu allen beruflichen Fragen an. Wir wissen, worauf es ankommt und unterstützen Mitarbeiter und Führungskräfte bei der Umsetzung beruflicher Wünsche und Ziele. Weiterhin unterstützen wir Unternehmen bei allen Fragen der Personalentwicklung.

Hans Christian Schrader

Wobei benötigen Sie Unterstützung?

Beratung & Coaching

- Karriereplanung
- Potenzialanalyse
- Bewerbungsstrategien
- Berufsorientierung
- Bewerbungsunterlagen
- Vorstellungsgespräche
- Assessment Center
- Arbeitszeugnisse
- Burnout-Prävention
- Outplacement & Kündigung

Seminare & Trainings

- Bewerbung & Karriereentwicklung
- Kommunikation & Arbeitstechniken
- Verhandeln & Verkauf
- Führung & Personal
- Gesund im Job
- Train-the-Trainer nach Hesse/Schrader

... und alle weiteren Soft Skill-Themen

Gerne beraten wir Sie auch persönlich und telefonisch!

Auf unserer Homepage finden Sie viele praktische Tipps und Informationen zu Job und Beruf.

Dort können Sie sich über unsere Beratungsangebote, Dienstleistungen für Unternehmen und alle Seminartermine informieren oder E-Books und Mustervorlagen downloaden – und natürlich alle Bücher von Hesse/Schrader bestellen.

Möchten Sie regelmäßig unseren Hesse/Schrader-Newsletter erhalten? Dann melden Sie sich gleich an:

www.berufsstrategie.de

Büro für Berufsstrategie Hesse/Schrader
Oranienburger Straße 4-5
10178 Berlin
Telefon 030 2888570
E-Mail info@berufsstrategie.de

Berlin • Frankfurt • Hamburg • München
Köln • Stuttgart • Wiesbaden

Büro für Berufsstrategie
Hesse/Schrader
Die Karrieremacher.